AF465111

VOYAGE
EN PERSE.

8° O²k.
40

Cet ouvrage se trouve aussi

Chez
- LECOINTE ET DUREY, libraires, quai des Augustins, nº 49;
- MASSON, libraire, rue Hautefeuille, nº 14;
- BÉCHET aîné, quai des Augustins, nº 57;
- VOLLAND, même quai, nº 17;
- DELAUNAY, au Palais-Royal;
- DONDEY-DUPRÉ, rue de Richelieu, nº 67.

DE L'IMPRIMERIE DE J. MAC CARTHY,
rue des Petites-Ecuries, nº 47.

Litho de C. Motte

B.R

Portrait du Roi actuel de Perse Fatey-Aly Schah.

VOYAGE
EN PERSE,

FAIT EN 1812 ET 1813;

PAR GASPARD DROUVILLE,

Colonel de cavalerie au service de S. M. l'Empereur de toutes les Russies, Chevalier de plusieurs ordres.

SECONDE ÉDITION.

TOME PREMIER.

ACQUISITION
N° 26862

A PARIS,
A LA LIBRAIRIE NATIONALE ET ÉTRANGÈRE,
RUE DES PETITES-ÉCURIES, N° 47.

1825.

AVERTISSEMENT

DE L'ÉDITEUR.

BIBLIOTHÈQUE NATIONALE RF IMPRIMÉS

La première édition de ce Voyage a été imprimée à Saint-Pétersbourg en 1819 (1). Un exemplaire nous étant tombé par hasard entre les mains, nous l'avons parcouru, et nous avons bientôt reconnu qu'il renfermait des notions précieuses et certaines, tant sur les mœurs et les coutumes actuelles des Persans, que sur leur gouvernement, leur armée, etc. Ces différens motifs nous ont déterminés à le réimprimer; mais en le faisant, nous n'avons pas cru devoir rien changer à la forme de l'ouvrage; nous nous sommes bornés à en faire disparaître les fautes les plus disparates.

---

(1) Elle a été seulement tirée à 150 exemplaires, du prix exorbitant de 300 roubles (environ 300 fr.).

PRÉFACE.

Les changemens remarquables que l'état militaire a récemment subis en Perse, m'avaient d'abord suggéré l'idée de traiter spécialement tout ce qui concerne cette branche de l'administration publique dans cet empire. Mais ayant ensuite réfléchi au petit nombre de personnes que cette matière intéresse, je me suis décidé à changer mon plan, et à ne faire qu'un accessoire de ce qui, dans le principe, devait être mon objet principal. J'ai pris cette détermination d'autant plus volontiers, que je me suis aperçu que tous ceux qui ont écrit jusqu'à présent sur la Perse, soit comme historiens, soit comme voyageurs, se sont attachés de préférence à la description des lieux, et ont passé assez légèrement sur tout ce qui tient aux mœurs, aux usages, etc., des habitans de cette intéressante partie de l'Asie, lesquels diffèrent si essentiellement des nôtres.

Mon intention n'est pas d'écrire une nouvelle histoire de la Perse, parce qu'il serait difficile de rien ajouter à ce qu'ont dit à ce sujet Chardin, Thévenot, Olivier, Kinneir, Picault et autres. Plusieurs de ces auteurs ont même fourni sur les mœurs et les cérémonies des Persans beaucoup de détails, dont quelques-uns offrent assez d'exactitude et de vérité. Mais le plus grand nombre ne sont fondés que sur des conjectures ou sur des rapports peu authentiques, entre autres ceux qui concernent les femmes des classes élevées; par la raison qu'un Européen, quel que soit son rang, pourrait habiter la Perse pendant des années entières sans peut-être parvenir à apercevoir une seule figure de femme. Pour avoir quelque idée du beau sexe, il faut qu'un étranger trouve moyen d'être introduit dans un harem; mais c'est une faveur qui ne s'obtient que bien difficilement et surtout bien rarement. Quant aux renseignemens que l'on peut se procurer à cet égard dans la conversation, je puis assurer que l'on ne doit y faire aucun fond, parce qu'en Perse on ne connaît rien de plus inconvenant que de parler des femmes en société. Toute question faite à ce sujet, non-seulement demeure sans réponse, mais elle est même considérée comme une insulte.

Il résulte naturellement de ce qui précède, que les historiens ou voyageurs que j'ai cités, n'ont pu parler des dames persanes que d'après leur imagination, et peut-être aussi d'après ce qu'en a dit Chardin qui, n'étant guère plus instruit qu'eux à cet égard, ne pouvait que contribuer à les entretenir dans l'erreur où il était lui-même, puisqu'il avoue que tout ce qu'il cite, concernant les femmes, lui a été rapporté par un eunuque du harem royal, avec lequel il était lié d'amitié.

Un séjour de trois ans en Perse ne m'aurait pas fourni à moi-même des notions plus certaines à ce sujet, si des rapports intimes avec plusieurs personnages de distinction ne m'eussent facilité les moyens d'être admis dans différens harems, et notamment dans ceux de la famille d'Asker-Khan, dernier ambassadeur de Perse en France.

J'ai occupé pendant six mois une partie de la maison de ce respectable vieillard, qui m'y traita constamment d'après nos usages qu'il avait adoptées; et il se passait rarement plusieurs jours de suite sans qu'il ne me conduisît chez les dames de sa famille. Cette déférence, qui ne fut d'abord qu'une affaire de politesse, finit par devenir une habitude, au point qu'en peu de temps je fus aussi libre de les visiter que si elles eussent été des Européennes; et malgré la réputation de jalousie bien méritée des Orientaux, je ne me suis jamais aperçu que mes hôtes eussent pris le moindre ombrage de mes assiduités; loin de là, je ne cessai pas un seul instant de recevoir d'eux les témoignages de la plus aimable urbanité (1).

(1) Je dois cependant faire observer que tout homme qui aurait la témérité de franchir la porte d'un harem (le roi et les princes exceptés), sans la permission du maître, pourrait être poignardé à l'instant même, sans que le meurtrier courût le risque d'être traduit en justice.

A l'exemple de mes prédécesseurs, je ne commencerai pas cet ouvrage par l'histoire détaillée des rois qui, depuis l'origine de la monarchie persane, ont occupé le trône. Je me bornerai à offrir un abrégé de celle des différentes dynasties qui s'y sont succédées, et qui, à quelques circonstances près, ont toutes éprouvé le même sort; ce qui n'a rien de très-extraordinaire dans un pays où le poignard et le poison ont de tout temps été les moyens mis en usage pour se frayer le chemin du trône(1).

J'ai passé légèrement aussi sur tout ce qui concerne la géographie de la Perse, ses productions, son commerce, etc., etc., parce que ces

(1) Pendant près d'un siècle qu'a duré l'anarchie, de tous les usurpateurs qui se sont disputé le trône, il n'y a que Kérim-Khan qui ait terminé sa carrière par une mort naturelle.

différents objets ont été amplement traitées par les voyageurs français et anglais envoyés, à diverses époques, par leurs gouvernemens respectifs, pour recueillir tous les renseignemens de cette nature. En les insérant dans ma relation, je ne pourrais que les copier, ce que je désire éviter; et cela avec d'autant plus de raison que ces détails sont pour ainsi dire étrangers à l'objet que je me suis proposé, et qu'en rendant mon travail plus long et plus pénible, il n'en serait pas plus intéressant.

Je me suis seulement permis d'y faire entrer quelques aperçus sur les résultats de la dernière paix conclue entre la Russie et la Perse, afin de faire connaître les nouvelles cessions faites par la première de ces puissances. D'ailleurs, comme j'ai participé à toutes les opérations qui l'ont précédée, je n'ai pas cru inutile d'en faire mention dans cet ouvrage.

L'influence qu'on accorde généralement au climat sur nos qualités physiques et morales, m'a engagé aussi à en dire quelques mots avant de parler du caractère des habitans des différentes provinces.

Chaque fois que j'ai eu à décrire des coutumes ou des usages singuliers, comme les mariages, les circonstances bizarres qui les accompagnent, etc.; je crois l'avoir fait avec toute la réserve qu'on est en droit d'exiger d'un écrivain qui se respecte, sans toutefois rien laisser ignorer sur beaucoup de particularités qui offrent un contraste piquant avec nos usages.

J'ai mis si peu de temps à me rendre de Constantinople en Perse, que loin de pouvoir donner un itinéraire de la route que j'ai suivie, à peine ai-je eu le temps de consulter ceux que je portais avec moi. MM. Gardanne, Morrier et Scott-Waring, en ont publié qui m'ont paru exacts et dont les voyageurs les plus difficiles seront satisfaits. Mon retour ayant eu lieu par la Géorgie, le Caucase, le Don et les bords septentrionaux de la mer Noire; les détails d'une route aussi peu fréquentée m'ont paru présenter trop peu d'intérêt pour en faire part à mes lecteurs.

Quant aux mots persans ou turcs qu'on trouvera dans cet ouvrage, j'ai tâché de les rendre de la manière la plus conforme à la prononciation du pays, malgré la difficulté que j'ai éprouvée à le faire avec nos caractères qui n'offrent qu'imparfaitement le moyen d'exprimer les syllabes fortement gutturales des langues orientales. Ceux qui désireraient une orthographe plus grammaticale, pourront consulter les ouvrages du savant M. Langlès, sur l'Orient.

Ayant éprouvé combien l'ignorance où l'on est souvent d'une foule de noms de lieux étrangers, qui obligent presque sans cesse d'avoir recours à un Dictionnaire géographique, j'ai cru à propos de terminer ma relation par de courtes notices qui éviteront au lecteur l'inconvénient des recherches.

Il ne me reste qu'à réclamer l'indulgence de mes lecteurs, qui voudront bien, en faveur de la vérité du fond, faire grâce à la forme. Je désire que quelqu'un plus exercé que moi dans l'art d'écrire, s'empare des matériaux que je présente aujourd'hui au public, pour en faire un ouvrage plus digne de lui être offert; il aura du moins le mérite de ne pouvoir être attaqué sur l'exactitude des faits que je cite, par ce que je me suis imposé la loi de ne parler que de ce que j'ai vu par mes propres yeux, à l'aide de circonstances qui ne se sont jamais présentées à aucun étranger avant moi, et qui ne se renouvelleront peut-être pas de fort long-temps.

BIBLIOTHÈQUE NATIONALE R.F. IMPRIMÉS

R.F. BIBLIOTHÈQUE NATIONALE IMPRIMÉS

INTRODUCTION.

Si nous voulions considérer la Perse sous le rapport de son étendue primitive, il serait difficile d'en fixer les vastes limites; mais comme elles ont subi de grands changemens à chaque révolution que cet empire a éprouvée, je ne parlerai que de celles qui existaient avant le dernier traité avec la Russie, me réservant de faire connaître par la suite les concessions qu'il a nécessitées. Je donnerai cependant quelques notions sur les provinces qui se sont soustraites à l'autorité du roi, mais qui finiront vraisemblablement par la reconnaître tôt ou tard.

La Perse est un grand état qui se trouve aujourd'hui borné au nord par la Géorgie, la mer Caspienne et la Turcomanie, au sud par le golfe Persique et la mer des Indes, à l'est par le petit Thibet et l'Indostan, et à l'ouest par l'Arménie turque et le mont Zagros qui la sépare du Kourdistan, lequel, bien que tributaire de la Perse, forme néanmoins un état particulier.

Elle se compose de neuf grandes provinces, savoir : l'*Azerbidjan*, le *Guilan*, le *Mazandéran*, l'*Irack-Adjémi*, le *Farsistan*, le *Kossistan*, le *Loristan*, le *Kerman* et le *Khorassan*.

L'Azerbidjan, l'ancienne Médie, est resserrée entre la mer Caspienne et une partie du Kourdistan et du pachalik de Bajazet, et s'étend jusqu'aux frontières de la Géorgie. Cette province, que l'on peut ranger parmi celles de seconde classe, est la plus intéressante de la Perse sous tous les rapports. Plus tempérée que les autres, elle a non-seulement une population plus nombreuse, mais elle est aussi la mieux cultivée; et comme elle a été pendant un grand nombre d'années le principal théâtre des guerres que la Perse a eu à soutenir, ses habitans sont beaucoup plus belliqueux que ceux des autres provinces. En temps de guerre elle fournit seule presque autant de troupes que le reste de l'empire; et toutes les troupes régulières, des diverses armes, sont en grande partie originaires de cette province.

Elle est défendue par trois places fortes (1) qui, bien que médiocres, n'en sont pas moins très-importantes dans un pays où il est difficile de faire voyager un train de siége. La Perse n'a pas de grandes routes, les voitures y sont inconnues; tous les transports se font à dos de chameaux et de mulets; et ce n'est que depuis la dernière organisation de l'armée, lorsqu'à la chétive artillerie nommée *zombareks*, on a substitué

(1) Erivan, Abas-abad, et Khoï.

l'artillerie à cheval régulière, qu'on s'est occupé de réparer quelques chemins principaux, qui partent des villes les plus voisines du théâtre de la dernière guerre, et aboutissent à la frontière.

Cette province est gouvernée par le prince Abas-Mirza, le second des fils du roi, et qui est destiné à être son successeur; il l'a fait reconnaître comme tel, au préjudice de son fils aîné Mahomet-Ali-Mirza, actuellement gouverneur du Kermanschah.

L'Azerbidjan est divisé en plusieurs districts, dont les principales villes sont *Tébris*, *Ouroumea*, *Khoï*, *Maragua*, *Marend*, *Erivan*, *Nackchiavan*, *Aher-Ardebil* et *Miana*. Chacun de ces districts est gouverné par un khan qui a le titre de Beglierbey, et qui est lui-même subordonné au prince royal.

Le Guilan, province boisée et marécageuse, s'étend le long du rivage occidental de la mer Caspienne. Elle est très-malsaine, principalement pendant les grandes chaleurs; aussi n'est-elle guère habitée que quatre ou cinq mois par des peuples qui, le reste de l'année, vivent errans dans les vallées des provinces voisines qui leur offrent de bons pâturages. Cette province est cependant très-productive; les fruits, et particulièrement le raisin, y croissent en abondance et y ont un goût exquis: elle produit aussi beaucoup de riz, et elle en fournit à une assez grande partie de la Perse et de la Géorgie. Ses habitans sont cependant les moins civilisés et les plus ignorans de l'empire.

Le Mazandéran est une province montagneuse située à l'extrémité méridionale de la mer Caspienne, et où se réfugia jadis une poignée de Turcs qui forma une tribu, à laquelle on donna le nom de Kadjards (réfugiés) ; elle prit, par suite de circonstances favorables, un tel accroissement, qu'après avoir été considérée comme ce qu'il y avait de plus abject aux yeux des Persans, elle a fini par leur donner des souverains; car Aga-Mohammet-Khan, oncle et prédécesseur de Fateh-Ali-Schah, sortait de cette tribu, et ce prince lui-même est né à Asterabad, capitale de cette province et le seul port digne de remarque que les Persans possèdent sur la mer Caspienne, quoiqu'on n'y trouve ni marine, ni vaisseaux, ni matelots, la nation ayant une aversion insurmontable pour la mer.

L'Irack-Adjémi, l'ancienne Parthie, est une grande province située à-peu-près au centre de la Perse, et qui se prolonge depuis Zendjan jusqu'à Jezd, c'est-à-dire sur une étendue de près de deux cents lieues de longueur sur plus de soixante de largeur. Elle est, ainsi que toutes les autres, également divisée en grands districts, dont les villes principales sont *Ispahan*, *Téhéran*, *Kaschan*, *Kom*, *Sawa*, *Casbin*, *Zendjan*, *Hamadan*, *Kermanchah* et *Ray* (l'ancienne

Rhagès). Cette province, jadis très-fertile, l'est aujourd'hui fort peu, une pénurie subite d'eau ayant forcé un grand nombre de paysans d'abandonner leurs villages. La quantité de ruines qu'on rencontre partout atteste l'ancienne splendeur de ce pays, devenu en grande partie inculte par le seul desséchement des ruisseaux qui l'arrosaient. Il renferme aussi le vaste désert de Noubendjan, qui a près de quatre-vingts lieues de long sur trente de large.

Le Farsistan, Fars ou Farès, est à la fois, la plus grande, la plus belle et la plus riche province de la Perse; elle est bornée par le golfe Persique qu'elle longe sur un espace de plus de deux cent cinquante lieues, c'est-à-dire, depuis le Kossistan jusqu'au Kerman. Elle est aussi célèbre par son nom, qu'elle a donné à tout le royaume, que par son heureux climat, ses antiquités et ses villes, justement renommées par leur beauté et par les hommes illustres à qui elles ont donné le jour. Les principales villes sont *Chiras* (patrie de Sady et d'Hafis), *Hoorom* et *Jezd*. A quelques milles de Chiras, de cette ville considérée avec raison comme un paradis terrestre, se trouvent les superbes ruines de Persépolis.

Le Kossistan et le Loristan sont deux petites provinces voisines de l'Irak-Arabi et limitrophes du Farès et de l'Irack-Adjémi ; elles forment, conjointement avec le Kourdistan persique et le district de Kermanschah, l'apanage de Mohammed-Aly-Mirza, fils aîné du roi.

Le Kerman, l'ancienne Caramanie, est une vaste province située à l'extrémité du golfe Persique et qui était autrefois renommée pour le port de Ghomron que Schah-Abas Ier y avait fait construire, et où il avait l'intention de créer et d'encourager une marine militaire et marchande. Cette province forme aujourd'hui les limites de la Perse du côté de l'est, bien que le Mékran qui l'avoisine en fasse partie intégrante, ainsi que le Sedjestan, le Tokarestan et le Khorassan, aujourd'hui révoltées contre l'autorité du roi, les trois premières en totalité, et la dernière en partie seulement. Les principales villes du Kerman sont *Sirdjan*, *Kermélin*, *Bardalchir*, *Boom*, *Vélaskerd*, *Hormez*, *Ghomrom* et *Lar*, capitale de la petite province du Loristan qui formait jadis un royaume particulier, et fait maintenant partie du Kerman.

Quoique l'autorité royale ne soit maintenant reconnue que dans une partie du Khorassan, et encore assez faiblement, je décrirai cependant cette province, dont les habitans, à quelques légères nuances près, sont non-seulement Persans par caractère, mais qui prétendent même être les plus anciens et les premiers de l'empire. Au reste, pour donner une idée exacte de sa situation ainsi que de son démembrement, je suivrai de point en point la note que M. Jourdain a traduite et extraite des mémoires géographiques de M. Kinneir, et que celui-ci a insérée à la suite du premier volume de son intéressant ouvrage sur la Perse, mais qui, ainsi que les auteurs dont j'ai fait mention dans la préface de cet ouvrage, a cependant manqué d'exactitude et de vérité dans les trois quarts de ce qu'il a rapporté sur les mœurs et les usages des habitans.

« Le royaume de Perse, dit-il, comprend (il a » probablement voulu dire possède) seulement la par- » tie occidentale du Khorassan; nous ajouterons en- » core quelques détails sur cette province célèbre. » L'autorité du roi s'étend sur Meschcd, Niclapoar, » Turkich, Thebs et leurs dépendances. Les Afgans, » quelques tribus errantes de Jamoucks et de Patans » occupent les parties méridionales, les Tartares Us- » becs et les Turcomans, les parties orientales et sep- » tentrionales.

» Le territoire entre Mesched et Astrabad, y com- » pris les villes et districts d'Abiverd, Nissa, Dirau » et Calpock, appartiennent à la tribu turcomane des » Goklans, ennemie irréconciliable de celle des Kad- » jards. Entre Mesched et Bissau est le territoire de » Mir-Konnah-Khan, chef puissant et indépendant,

» qui réunit sous sa domination quatre mille familles » curdes, trois mille cinq cents turques, et cinq mille » persanes. Sa capitale est Kabouchan, ville fortifiée » à trois cents pharasanges de Meschcd. Les dis- » tricts de Coschung et de Roghouz, entre cette der- » nière ville et Mérou, forment le domaine d'un khan » indépendant, qui peut mettre douze mille hom- » mes sur pied, et de Luft-Aly-Khan, chef de la » tribu des Tchaperlous, les plus braves comme » les plus polis du Khorassan. Un frère de Hay- » der-Schah, roi de Bokarara, commande à Mé- » rou, dont la population peut s'élever à trois mille » âmes.

» Hérat, si renommée pour la douceur de ses vents, » la beauté de ses édifices, ses malheurs, chantée » par les poëtes, pour avoir donné le jour à l'émir » Aly-Chir, grand homme d'état et le Mécène de sa » nation, s'est encore une fois relevée de ses ruines. » On peut la regarder comme la ville la plus peuplée » du Khorassan. Son commerce immense lui a mé- » rité l'épithète de Bender (port); sa population, éva- » luée à cent mille âmes, offre un mélange de Patans, » d'Indous, de Juifs et d'Afgans; ceux-ci et les pre- » miers sont les plus nombreux. C'est en partie à l'ac- » tivité, à l'industrie des Indous, peuple aimable, » adonné aux arts, mais abattu par le malheur et gé-

» missant sous l'oppression que Hérat doit sa prospé- » rité et ses richesses. Leur position est ici plus agréa- » ble; le peuple les respecte, le gouvernement les » considère, leur accorde même de l'influence et sur- » tout le libre exercice de leur culte. La ville appar- » tient au roi de Cabul, et est gouvernée par Hadji- » firous, son fils. Au terme des traités, il devrait » payer à la Perse une somme annuelle, mais la né- » cessité, le manque d'occasion pour se soustraire au » joug, sont les seuls garans de l'exact paiement de » ce tribut.

» Balk présente dans ses habitans un mélange » moins heureux. Ils sont Afgans, Usbecks ou Tand- » jouts. Des mœurs douces, des manières polies, » quelquefois efféminées, distinguent les Usbecks. » Tous les vices les plus honteux, les plus funestes à la » société, semblent être l'apanage des Tandjouts, race » d'hommes avilis, dégénérés. Ces différens peuples, » tour à tour pasteurs ou guerriers, habitent tantôt » sous des tentes, tantôt dans les villes, suivant la » température ou la nature du sol. Balk appartient » aussi au roi de Cabul.

» Une infinité de petits princes, indépendans les » uns des autres, unis quelquefois par l'espoir du » pillage, ou contre un ennemi commun, se sont par- » tagé le Sistan, habité par les Patans et les Balouches.

» Cependant, l'un d'eux, Behram-Khan, s'arroge le » titre de Schahi-Sistani, roi du Sistan.

» Il faut appliquer ce que nous venons de dire à » quelques provinces du Kerman; une partie est ha- » bitée par des tribus d'Afgans, ou de Balouches, qui » obéissent à leurs chefs respectifs; une autre est dé- » serte, le reste reconnaît l'autorité du roi de Perse. » Le district frontière de Nermanschir appartient à » Rachid-Khan. Boom, ville assez considérable, for- » me les limites du Kerman persique, depuis que les » Persans ont repoussé les Afgans pour rapprocher » d'eux les Balouches, dont ils ont moins à craindre. » C'est à Boom, où il s'était retiré en dernier lieu, » que le brave et infortuné Luft-Ali-Khan, le dernier » prince de la famille des Zends, fut pris et livré à » son rival cruel, l'Aga-Mohammed-Khan. Une pi- » ramide formée des crânes de ses partisans, de ses » plus fidèles serviteurs, s'élève sur la place où cet » événement a eu lieu; digne trophée d'un peuple » qui, pendant un siècle, s'est abreuvé de sang hu- » main!

« L'Iman de Mascate a profité des troubles de la » Perse pour s'y introduire. Toute cette partie du » golfe Bender Abas ou Ghomron, Hormouz ou Or- » mus (aujourd'hui rocher stérile et inhabité) est en » sa possession.

« Le Mékran appartient en entier aux Balouches.
» Le Sind gémit sous le despotisme de trois frères de
» la maison de Tolpoure, et d'origine balouche; ce
» sont Mir-Golam, Mir-Kémir et Mir-Morad. L'aîné,
» dont le pouvoir est le plus grand, prend le titre de
» Hakem (prince), et passe aux yeux du peuple des
» nations voisines pour le chef réel du gouvernement.
» Deux autres frères, Mir-Sohra et Mir-Tohra, sans
» être revêtus des marques ostensibles de la souverai-
» neté, n'en agissent pas avec un moindre despotisme
» dans leurs domaines.

» Le Sind est principalement peuplé de Balouches
» qui professent l'islamisme, approprié à leurs mœurs,
» et altéré par les superstitions, les modifications que
» le temps, l'ignorance et les préjugés ont dû intro-
» duire. Ici, comme à Hérat, les Indous sont proté-
» gés et respectés. Ils traitent d'égal à égal avec les
» Musulmans, et jouissent de toutes les prérogatives
» de la vie civile. Les Indous, en assez grand nombre
» dans le Sind, en composent la classe commerçante,
» comme les mahométans constituent l'ordre mili-
» taire. Nadir-Schah a cédé cette province au roi de
» Cabul, par le traité de 1739; depuis ce temps elle
» est restée sous sa domination. »

On voit donc par cette intéressante note, qui traite non-seulement du Khorassan, mais encore de toutes les provinces adjacentes de la Perse actuelle, que toutes sont des parties intégrantes de cet empire. Les chefs rebelles ou usurpateurs qui les gouvernent n'ont pu se rendre indépendans qu'à des époques où la guerre, employant ailleurs les troupes, ne permettait pas de les châtier. Le gouvernement ne tardera sans doute pas, aujourd'hui que la paix lui promet une longue tranquillité, à disposer de toutes ses forces pour faire rentrer au plus vite dans le néant, une poignée de misérables khans ou princes, dont l'impunité n'était fondée que sur l'énorme distance qui les séparait de la capitale, la faiblesse du roi, et surtout sur l'emploi de toutes ses troupes dans des contrées éloignées.

Comme il serait, je pense, inutile de faire une longue et ennuyeuse énumération de tous les souverains qui ont occupé le trône depuis les temps les plus reculés, je me bornerai à faire connaître, par une simple note abrégée, les différentes dynasties qui s'y sont succédées depuis l'origine présumée de la monarchie persane jusqu'à nos jours. Sans copier littéralement M. Jourdain qui a jugé à propos de consacrer à ce seul objet deux volumes de son ouvrage, je rapporterai seulement les faits principaux, dont je ne garantirai pas plus que lui l'authenticité, mais dont le mérite est néanmoins incontestable, ayant été extraits des meilleurs manuscrits persans. Ces ouvrages peuvent seuls jeter quelques lumières sur des événemens d'autant plus justement considérés comme fabuleux, qu'ils se trouvent souvent en contradiction avec ceux transmis par les auteurs grecs. Ces écrivains ont traité, du reste, fort légèrement et avec peu d'étendue tout ce qui concernait la Perse ancienne, dont ils devaient néanmoins connaître l'histoire presque aussi bien que la leur.

M. Jourdain divise l'histoire de Perse en temps anciens et modernes. Il comprend par temps anciens, les siècles qui se sont écoulés depuis l'origine de la monarchie jusqu'à l'apparition de Mohammed; et par modernes, ceux qui commencent de cette époque jusqu'à nos jours. « Cette distinction existe déjà, dit-il, » dans notre langue, puisque nous donnons le nom de » Perses aux peuples qui ont habité la Perse jusqu'au » septième siècle de notre ère, tandis que nous les » désignons sous le nom de Persans depuis qu'ils ont » embrassé l'islamisme, ou peu après. »

Ainsi, sans entrer dans les différentes divisions qu'il établit, et qui me mèneraient trop loin du but que je me suis proposé et auquel ce sujet est absolument étranger, je me bornerai à indiquer les premières dynasties, trop évidemment fabuleuses, et rendrai un compte rapide de celles qui présentent quelques événemens importans.

La première dynastie connue fut celle des Pichdadiens, sous laquelle tous les événemens furent merveilleux. M. Langlès a eu la patience de pénétrer dans ce dédale obscur, et nous a fait connaître des faits beaucoup plus certains sur tout ce qui concerne l'histoire ancienne de la Perse. Les Pichdadiens furent, suivant lui, précédés de plusieurs autres dynasties, assertion dont il démontre clairement l'évidence. La seconde, celle des Kaianuns, dans laquelle on trouve le fameux Roustan, l'Hercule des Persans, ne nous offre encore que des aventures romanesques et des exploits gigantesques, dans le genre de ceux de l'Amadis des Gaules et de Roland le furieux.

« Sous celles des Arsacides et des Sassanides, la » magie cesse, dit M. Jourdain, les menées réelles de » l'ambition succèdent aux rêves de l'imagination, » et l'histoire commence à se composer de faits cer- » tains. »

Ce ne sera donc que de cette époque que je commencerai à donner quelques détails, puisque je serai en quelque sorte assuré de présenter une lueur de vérité à ceux de mes lecteurs qui voudront connaître cette partie toujours intéressante de l'histoire d'une nation.

La troisième dynastie est celle des Arsacides, dont le premier chef fut un nommé Arschale, connu par suite sous le nom d'Arsace Ier. Ce prince fut celui qui fonda en 256 avant Jésus-Christ l'empire de Parthie, si célèbre pendant plusieurs siècles.

Cette dynastie ne présente, pendant quatre cent soixante et dix ans qu'elle dura, qu'un tableau effrayant de guerres, de révolutions, et de crimes révoltans. C'est sous son règne que commence cette longue lutte des Parthes et des Romains. La défaite de Crassus, en illustrant cette race, lui attira de nouveau la haine de ces superbes ennemis, qui finirent par l'humilier à son tour, et à précipiter sa destruction qui arriva en 255.

Celle des Fassanides, qui lui succéda, commença par être également funeste aux Romains. L'empereur Valérien est défait en Arménie et tombe au pouvoir de Chapour, ou Sapor Ier (1), Sapor II, Artaxercès Colroès, surnommé Amouchivan (le juste), offrent dans cette dynastie une série d'actions glorieuses, entremêlées de meurtres, d'empoisonnemens et d'horreurs en tout genre. Enfin, le fameux Colroès Pervis,

---

(1) Le vaincu fut soumis aux plus grandes humiliations qui ont été transmises à la postérité par des bas-reliefs assez bien conservés de nos jours, sur les rochers qui sont près de la ville de Schapour. Sur l'un d'eux on voit ce malheureux empereur, le genou droit en terre, courbé devant son vainqueur et les mains jointes et tendues en avant, comme pour implorer sa pitié.

si connu par ses folles dépenses et son luxe effrayant, sape par ses infâmes dépradations les fondemens de cet empire, dont la destruction fut consommée sous le règne de Jesdedjerd II par Mohammet. Celui-ci, à la tête de ses Arabes, gagne la fameuse bataille de Nehavend, où trois cent mille hommes de part et d'autre restèrent sur la place. Il n'en fallut pas davantage pour lui livrer toute la Perse. C'est cette mémorable journée qu'il nomma la victoire des victoires.

C'est ici que commence l'histoire moderne, par l'introduction de l'islamisme parmi les chefs des Arabes, qui détruisirent en si peu de temps la dynastie colossale des Sassanides, toujours ennemie et souvent victorieuse des Romains, et si puissante même à cette époque. Sous ce nouveau joug, comme sous les les autres, les différens règnes offrent tour à tour de grands événemens et de grandes atrocités. Le schisme qui divisa les deux sectes connues depuis sous les noms de Chütes et de Sunnites occasionna d'abord des guerres civiles, qui finirent par faire des Musulmans deux peuples distincts, dont la haine mutuelle n'a fait que croître jusqu'à nos jours sans qu'aucun événement ait jamais pu la tempérer de part et d'autre (1).

(1) Un officier de cette secte sous mes ordres ayant eu la

A cette dynastie peu nombreuse, succède celle des Abassides, qui fut à son tour détruite par celle des Seljoukides, anéantie par les Karismiens, qui furent chassés par les Ikaniens. La dynastie de ces derniers offre pendant un siècle de durée quelques événemens remarquables, parmi lesquels il faut placer la destruction du califat qui n'était depuis long-temps qu'une dignité honorifique, sans puissance réelle.

Enfin survint celle des Taimourides, dont le premier prince fut l'exécrable Taimour-Lam, improprement nommé Tamerlan, monstre né pour le malheur du genre humain, et dont le nom n'est arrivé à la postérité que par les horreurs qui ont signalé son règne. A sa mort, ses fils, en démembrant l'empire, donnèrent naissance à ces deux factions connues si long-temps sous les nom du Mouton noir et du Mouton blanc d'après les enseignes qu'elles arborèrent, et qui affaiblirent la Perse au point que la dynastie taimourienne s'éteignit insensiblement et fit place à celle des Séphis, sous laquelle paraît avec tant de gloire le fameux Schah-Abas Ier.

Ce prince, en montant sur le trône, trouva l'empire

---

cuisse cassée, je dis au chirurgien d'aller le panser : « Com» ment donc, me dirent ses camarades, il est Sunnite! »

morcelé et en grande partie envahi par les Turcs, les Usbecks et les Curdes. Chaque année de son règne est marquée par quelques grands succès. Il recouvre le Kerman, le Fars, le Guilan, le Mazandéran, et plusieurs autres provinces rebelles; s'empare de la Géorgie, du Kourdistan et de l'Arménie qu'il transforme en désert, en transportant ses habitans au sein de la Perse, et notamment à Dulfaa, faubourg d'Ispahan; enlève Ormus aux Portugais, rend le Kandahar tributaire, et prend enfin Bagdad aux Turcs, et soumet une grande partie de l'Arack-Arabi. Dans l'intérieur, il encourage les arts, accueille les étrangers, fait venir à grands frais des artistes en tous genres, élève dans tout l'empire des mosquées, des caravanserais, des bazars et des routes. Il reçoit des ambassadeurs des principales cours de l'Europe, qui lui donnent le nom de grand, à côté duquel on aurait pu mettre avec beaucoup plus de justice celui de cruel; car ce prince, faisait tout ployer sous la férocité de son caractère sombre, défiant et vindicatif. Ses successeurs, loin de l'imiter, détruisirent par faiblesse, indolence et oisiveté tout ce qu'avait fait ce grand homme pour la gloire de son pays. La cour, les grands, plongés dans le luxe, l'ineptie et la lâcheté, voyaient journellement sapper l'édifice de grandeur élevé par Schah-Abas, sans sortir d'une apathie funeste; il fallut que l'infortuné Schah-Hasseim en devînt la victime.

Ce prince indolent et pusillanime, esclave de ses plaisirs et jouet de ses ministres qui, depuis long-temps, ne faisaient de la justice et de toutes les autres branches de l'administration qu'un trafic révoltant, ne connut le danger de sa situation que quand il ne fut plus temps d'y remédier. Tous les courages étaient énervés ou abattus, et l'esprit public totalement éteint. Le peuple, insensible à des maux qu'il ne prévoyait pas devoir être plus grands que ceux qu'il souffrait depuis long-temps, n'offrait qu'un faible appui au trône déjà chancelant, et qui finit par s'écrouler à l'apparition d'une poignée de brigands conduite par l'afgan Mir-Mahamoud, fils du fameux Mir-Weis, chef de la tribu afgane. Mahamoud se fraya le chemin du trône sur des cadavres (1); ses cruautés l'en précipitèrent; il fut assassiné par

(1) Dans un moment de rage, il massacra de sa main tous les enfans de Schah-Hasseim, ainsi que plusieurs princes de la famille de cet infortuné souverain, qui fut blessé lui-même en voulant sauver le plus jeune de ses fils. Il invita ensuite les grands de la cour à un festin, et à un signal donné ils furent tous impitoyablement égorgés sans en excepter un seul.

un de ses satellites, nommé Achraf, aussi scélérat que lui, et qui reçut à son tour le juste salaire de tous ses crimes, en tombant sous le poignard de ses complices.

Thamas Mirza, fils aîné du malheureux Schah-Hasseim, qui était parvenu à s'échapper d'Ispahan, cherchait en vain des partisans, tous les cœurs étaient refroidis et indifférens. Les Russes et les Turcs s'étaient déjà emparés des provinces qui étaient à leur convenance; et Thamas, obligé de fuir d'un lieu dans un autre, ne trouvait qu'avec peine un asile contre la persécution qu'il éprouvait de la part de ses propres sujets. L'histoire dira cependant qu'il mérita ses infortunes autant par sa faiblesse que par sa cruauté. Il fit inhumainement périr le seul de ses frères qui eut échappé au massacre de Mahamoud, quand ce malheureux prince vint le joindre à Ispahan, et non content de cette atrocité, il voulut être témoin de son supplice.

Les choses en étaient à ce point, lorsqu'un aventurier, nommé Nadir, Afchard d'origine, plein d'audace et d'activité, vint figurer sur ce théâtre de désolation. D'abord chef de brigands, Nadir, par son courage et ses exploits, finit par usurper le trône de Perse, auquel il donna un nouvel éclat pendant une grande partie de son règne; mais ses cruautés l'en précipitèrent d'une manière tragique. Nadir, dont les premières expéditions s'étaient bornées à détrousser les voyageurs et à piller les habitans du Khorassan, se vit bientôt à la tête de trois ou quatre mille hommes affamés de brigandage. C'est à cette époque qu'il offrit ses services à Thamas-Schah, qui les accepta avec reconnaissance, en lui pardonnant tous les crimes dont il s'était souillé auparavant. Sa troupe se grossissant chaque jour, il se vit bientôt en état de prendre l'offensive contre les Afgans qu'il chassa enfin de la Perse, ce qui rendit pour un moment Thamas maître de la majeure partie de l'empire. L'empereur fit une entrée solennelle à Ispahan, précédé de Nadir à qui le peuple avait donné le nom de Thamas-Kouly-Khan. Ce conquérant ne tarda pas à démasquer ses projets ambitieux, car sous de vains prétextes il abusa de son pouvoir pour exiler son souverain, en réservant à son fils, encore en bas âge, une ombre de puissance; mais la mort de cet enfant, arrivée cinq ans après, lui fournit un motif plausible pour s'emparer de la couronne, et il se fit proclamer roi dans les plaines de Mogan, le 15 janvier 1735, par tous les grands du royaume, qu'il avait convoqués, pour donner un successeur au trône. Ses premières démarches furent aussi brillantes que glorieuses; il châtia les khans rebelles, humilia les Turcs, qu'il battit plusieurs fois complétement, fit la conquête de l'Inde en 1738, et rapporta de Delhi, sa capitale (où il fit égorger plus de cent mille habitans), de l'or, des bijoux, pour la valeur de plus de cent vingt-cinq millions de francs. Son avarice et sa cupidité n'eurent plus de frein depuis cette époque, et allèrent toujours en augmentant. La mort la plus affreuse atteignait tout ce qui était connu pour avoir des richesses. La défiance le minait, et malheur à celui contre lequel il concevait le moindre soupçon. Enfin, après mille horreurs que la plume se refuse à tracer, il voulait, dit son historien, mettre le comble à toutes ces atrocités, en faisant massacrer par les Arabes et les Tartares de son armée tous les Persans qui en faisaient partie. Trois officiers de sa garde, ayant pénétré de nuit dans sa tente, lui coupèrent la tête (1) que l'on éleva aussitôt au bout d'une perche, comme un signe de réconciliation avec les sentimens d'humanité que sa cruauté avait depuis long-temps étouffés ou neutralisés dans tous les cœurs.

Qui croirait que cet événement qui devait être le dernier des maux de ce malheureux empire, ne fut que l'avant-coureur de maux plus grands encore, et de-

(1) Cet événement eut lieu le 13 mai 1747.

vint le signal des guerres civiles qui le désolèrent jusqu'à l'avènement au trône du roi actuel? Qu'on se figure donc la Perse épuisée de toutes les manières, une armée composée de tous les peuples de l'Asie, se débandant et se répandant de tous côtés du royaume pour y exercer les plus affreux brigandages; chaque caravanserai susceptible de défense, servant de repaire à une ou plusieurs bandes vivant des rapines exercées dans les environs: le trésor pillé, la couronne disputée par vingt prétendans qui faisaient de cette terre désolée un théâtre de guerres civiles, de vengeance, de pillage et d'assassinats, et on aura une idée de la situation de la Perse à cette époque. Les habitans paisibles de ses provinces désolées abandonnaient leurs foyers pour fuir ces scènes de carnage et d'atrocités, préférant s'exposer aux horreurs de la faim à rester en butte à la licence effrénée d'une soldatesque avide de sang et de pillage. Enfin le trône de Perse, après avoir été le but et le prétexte des crimes des divers compétiteurs qui se le disputaient à main armée, eut cependant une lueur de félicité à l'apparition de Kérim-Khan qui se mit heureusement au nombre des prétendans.

Curde d'origine, de la tribu des Zends, ancien compagnon de Nadir, Kérim-Khan joignait à un extérieur imposant une force de caractère et une bravoure personnelle qui lui avaient gagné les cœurs des soldats; armé de modération et de patience, il fit tête à l'orage pendant trente ans qu'il occupa le trône de Perse, sous le nom modeste de Vakil (régent), et chercha à cicatriser, autant que les circonstances le lui permirent, les plaies profondes qui avaient désolé ce malheureux empire (1).

Sa mort le replongea de nouveau dans l'anarchie et la guerre civile. Une foule de prétendans se mirent de nouveau sur les rangs. Un d'eux, Aga-Mohammet-Khan, oncle du roi actuel, parvint à les réduire tous, et resta maître de la totalité de la Perse.

---

(1) Ce prince, d'une force athlétique, était très-adroit à manier le sabre, et doué d'une grande présence d'esprit dans le danger, comme on va le voir. Forcé de se sauver seul après une défaite où tout son monde avait été tué, pris ou dispersé, il fut poursuivi par trois hommes aussi bien montés que lui, qui étaient sur le point de l'atteindre. Il détacha aussitôt un de ses bracelets enrichi de diamans et le laissa tomber, puis un peu après le second, et enfin son poignard aussi fort richement orné. Chacun des hommes qui le poursuivaient, mit pied à terre, comme il l'avait prévu, pour ramasser sa proie; mais, retournant sur eux comme un éclair, il les attaqua un à un, et les tua tous trois. Cette aventure, qui est presque de nos jours, rend très-croyable l'histoire du combat des Horaces, qui commença les hautes destinées de Rome.

Kérim-Khan l'avait fait mutiler pour lui ôter toutes prétentions au trône; mais la suite a prouvé combien cette précaution était inutile, car peu de princes ont montré plus de fermeté et de courage. Un peu trop adonné à la guerre, pour l'état de désorganisation où se trouvait le royaume, et trop fier de quelques succès, il voulut entreprendre des choses au-dessus des ses forces et dégoûta les grands de sa suite, qui, aussi jaloux de ses lumières que fatigués de ses cruautés, ourdirent une conspiration qui lui coûta la vie; il expira sous le poignard d'un de ses domestiques, soudoyé par Sadock-Khan, le 14 mai 1797. Alors trois autres prétendans se disputèrent encore une fois le trône; mais Fateh-Aly-Schah, plus heureux ou plus habile que les autres, finit par les dompter et fut unanimement proclamé roi.

Il gouverne aujourd'hui glorieusement la Perse, à laquelle la dernière paix avec la Russie assure une longue tranquillité. Ses qualités le font chérir de son peuple, qui, satisfait d'avoir trouvé en lui un grand fond d'humanité et un caractère doux et affable, excuse ses faiblesses pour ne faire que l'éloge de son cœur.

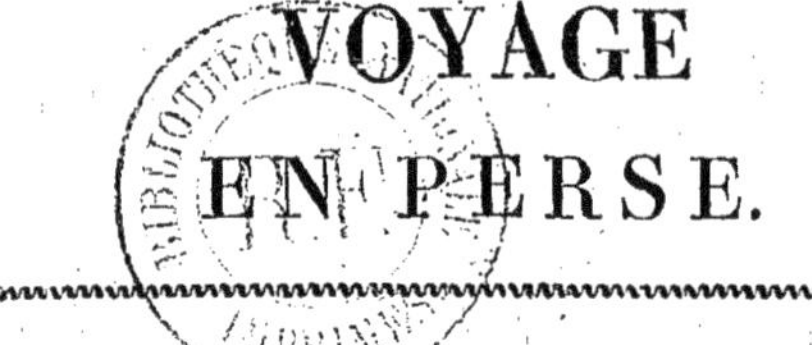

VOYAGE EN PERSE.

CHAPITRE PREMIER.

NOTIONS GÉNÉRALES SUR L'ÉTAT ACTUEL DE LA PERSE, ET OBSERVATIONS SUR LA PAIX DERNIÈRE.

LA Perse épuisée, comme nous l'avons déjà dit, par des guerres civiles qui dataient de près d'un siècle, n'aurait pu se relever de la chute qu'une si longue continuité de malheurs lui présageait, quand la mort de l'eunuque Aga-Mohammet-Khan mit fin à toutes les dissensions civiles, en plaçant sur le trône Baba-Khan, son neveu, aujourd'hui régnant.

Ce monarque, après avoir vaincu et dissipé sans efforts quelques faibles concurrens, y monta enfin sous le nom de Fateh-Aly-Schah; et, pour régner avec plus de sécurité, il fit crever les yeux à son propre frère, afin de lui enlever tout moyen de concurrence (1).

(1) Tant que vécut la mère de ces deux princes,

A cette époque, si l'on en excepte la jolie ville de Chiras et quelques autres du Farsistan et de l'Irack-Adjémi, toute la Perse n'offrait plus que des ruines et des plaines immenses et incultes, habitées par une faible population, qu'une longue habitude de la guerre et du pillage avait rendue inapte à les fertiliser. Cette malheureuse situation dure encore, et il faudra des siècles pour rendre à ce beau pays la splendeur dont il jouissait sous la dynastie des Séphis.

Les dispositions apparentes de bienfaisance du nouveau roi, donnèrent l'espoir qu'il s'empresserait de fermer les plaies encore saignantes que tant de calamités avaient accumulées sur son peuple; mais il en fut tout autrement; loin de réparer le mal que ses pré-

---

elle eut assez d'empire sur l'esprit du roi pour préserver son malheureux frère de cette catastrophe; mais aussitôt après sa mort, Fateh-Aly-Schah lui fit passer un morceau de fer rouge devant les yeux. Lorsqu'on vint annoncer cette sentence à ce prince, il ne proféra que ces paroles : Oh! ma mère! Ce qui fait présumer qu'elle avait obtenu du roi qu'il ne priverait pas son frère de la vue, comme elle avait tout lieu de le craindre.

décesseurs avaient fait par ambition et cruauté, il l'aggrava par la soif de l'or et par la plus sordide avarice.

Il donna cependant des ordres tant pour la reconstruction des villes et villages, que pour faire prospérer l'agriculture; mais ces ordres n'ayant pas été accompagnés des secours d'argent indispensables furent sans effet ou n'eurent que des résultats insignifians.

D'un autre côté, la continuation de la guerre avec la Russie exigea de nouveaux sacrifices d'hommes et d'argent. La ruine de la Perse était inévitable, si la paix n'était venue la sauver d'une manière presque miraculeuse (1); car il est hors de doute que si le général Kotlorowski, commandant les corps qui agissaient sur la mer Caspienne, n'eût

---

(1) La guerre n'avait jamais mis le roi dans un danger aussi imminent que celui où il se trouvait après la reprise de Lankaran. Un corps considérable marchait sur Ardebil, d'où il aurait facilement pu gagner Téhéran, pendant que deux autres menaçaient Erivan et Tébris, ce qui obligeait le prince royal à porter toute son attention de ces côtés, pour couvrir la province d'Adzerbidjan et la place qui en est considérée comme la clef. L'armée persane était dé-

été aussi dangereusement blessé (1), et qu'il eût pu continuer la marche qu'il avait commencée en trois colonnes, sur Erivan, Nacksciavan et Ardebil, il aurait pu arriver et même dépasser Téhéran avant qu'on eût délibéré sur le parti à prendre, et surtout avant qu'on eût pu en retirer la centième partie des trésors immenses qui s'y trouvaient accumulés.

Le général russe se serait emparé des deux premières places, dont la possession eût assuré dès-lors à l'empire de Russie la frontière inexpugnable tracée par l'Arpatchay et l'Arax (2); mais des circonstances qu'il ne

---

couragée et diminuée depuis l'affaire d'Oslandouz, tout le matériel d'artillerie perdu, la majeure partie des canonniers sabrés ou en fuite, les corps d'infanterie réduits à rien, le prince lui-même singulièrement déconcerté par le mauvais état de ses affaires : qu'on juge d'après cela de ce qui serait résulté si les succès eussent été poursuivis !

(1) A l'assaut du fort de Lankaran, il reçut trois coups de feu, dont un lui fracassa la mâchoire inférieure; ce qui ne l'empêcha pas de continuer ses opérations et de les voir couronnées de succès.

(2) Cette ligne est la seule bonne frontière que puisse avoir la Russie dans ces contrées. Comme elle com-

ne convient pas de pénétrer, ayant alors rendu l'ambassadeur anglais (alors en Perse) médiateur entre les puissances belligérantes, il ne pouvait mieux faire dans ses vues que de demander à traiter sur un *statu quo* qui ne pouvait qu'être très-préjudiciable aux intérêts de l'empereur de Russie, puisqu'il laissait les Persans en possession de la majeure partie du riche et beau district d'Aran qui, situé sur la rive gauche de l'Arax, forme une pointe qui s'étend jusqu'aux confins de la Géorgie, et facilite par là les incursions que les Persans auraient envie de faire dans cette province montagneuse, qui présente par le nombre de ses débouchés tant de facilités aux Persans pour ces sortes d'expéditions (1).

---

prendrait une grande partie du cours de l'Arax, en élevant sur bords de ce fleuve des redoutes entremêlées de forts à cinq ou six lieues de distance les uns des autres, et situés sur des points élevés, on n'aurait plus à craindre la désertion, la contrebande, ni enfin les incursions des Persans, qui, quoique peu importantes sous les rapports militaires, n'en sont pas moins fâcheuses pour le pays.

(1) Les Persans s'attendaient, et j'en suis bien certain, qu'on leur demanderait la place d'Erivan;

Il n'en est pas moins vrai que les Persans sentaient à cette époque la nécessité de terminer une guerre qu'ils auraient pu difficilement continuer; la campagne précédente, et notamment les affaires d'Oslandouz et la reprise de Lankaran, avaient épuisé la presque totalité de leurs ressources militaires. Presque toute leur artillerie, commandée par un officier anglais, était tombée au pouvoir des Russes, ainsi que les munitions et le camp du prince royal, dont on ne put sauver ni une tente ni un chameau.

Si l'objet de cet ouvrage ne me renfermait dans des bornes étroites sur tout ce qui a rapport à la politique, combien n'aurais-je pas à dire sur les démarches occultes et même extraordinaires de l'ambassadeur anglais dans cette occasion! mais ne voulant donner à ce sujet qu'un léger aperçu des résultats, je

---

et l'auraient accordée de préférence, peut-être, au Talich, dont la possession donne pied sur la rive droite de l'Arax, et met à même d'envahir, quand on le voudra, la totalité du Guilan, et même du Mazandéran, c'est-à-dire toutes les rives est et sud de la mer Caspienne.

dirai seulement que cette paix fut entièrement son ouvrage, bien qu'elle semblât contrarier la politique invariable de son gouvernement, qui a toujours été et sera toujours d'affaiblir les Russes par les Persans, et réciproquement, dans cette partie de l'Asie, pour les mettre hors d'état de pouvoir rien entreprendre, séparément ou de concert, contre leurs possessions de l'Inde limitrophes de la Perse.

Tout en faisant ces démarches, l'ambassadeur anglais n'oublia pas de prendre des mesures pour empêcher les Russes d'acquérir la moindre influence dans le cabinet de Téhéran, et voulut en conséquence faire stipuler, pour première condition, que l'empereur de Russie ne pourrait envoyer en Perse aucun ambassadeur, mais un simple consul pour les relations commerciales, lequel ne serait revêtu d'aucun pouvoir politique, et fixerait sa résidence à Astrabad, sans que, sous aucun prétexte, il pût se présenter à la cour du Schah.

Il est facile de s'imaginer que cette note ridicule resta sans réponse, et que l'ambassadeur qui l'avait conçue et rédigée ne put trouver de motif plausible pour l'appuyer;

mais elle fit voir clairement que craignant d'avoir dépassé ses pouvoirs, en réconciliant deux nations dont le voisinage et la puissance offusquent son cabinet, il avait voulu contre-balancer par cette mesure le danger de les voir contracter une alliance qui, en cas de guerre, les mettrait à même de porter à la Grande-Bretagne un coup aussi prompt qu'irremédiable, en lui enlevant l'Inde sans qu'elle eût aucun moyen de s'y opposer.

Le roi de Perse fut donc obligé, pour obtenir la paix qu'il désirait (malgré le vœu bien prononcé du prince royal), de céder à S. M. l'empereur, en toute propriété, Baku, Cerbent, le Karadag, le Chirvan, le Guilan et le Talich, ce qui lui enleva la majeure partie de la rive ouest de la mer Caspienne; et de renoncer à toutes ses prétentions sur la Géorgie, dont les rebelles, réfugiés dans le Daguestan, avaient été jusqu'alors secourus par le prince Abas-Mirza. Mais la Perse, en échange, conserva par cette paix l'importante place d'Erivan, pour laquelle elle avait conçu des craintes d'autant plus fondées, qu'on attribuait au khan qui y commandait l'intention, si la guerre eût continué, de se rendre indépendant sous la protection de la Russie, comme l'avait fait, depuis plusieurs années, celui du Talich (1). Elle conserva en même temps la partie de cette belle province qui fait sur la rive gauche de l'Arax une pointe entre l'Arménie turque et le Karadag. Cette langue de terre qui ne pouvait échapper aux Russes eût dessiné au gouvernement de Géorgie une excellente frontière avec la province d'Erivan et le Chirvan le long de l'Arax, en remontant jusqu'au torrent de l'Arpatchay d'une part,

(1) Hussein-Khan, sans s'être déclaré indépendant, n'agit pas autrement que s'il l'était. Il garde la totalité des revenus, et entretient une demi-compagnie d'artillerie à cheval, trois bataillons disciplinés et vêtus à l'européenne, et une cavalerie irrégulière nombreuse qui lui est très-dévouée.

En décembre 1813, le prince royal, qui était venu à Khoï, ordonna à Hussein-Khan de venir le trouver, seul. Hussein arriva en effet, mais escorté de la majeure partie de sa cavalerie; il campa hors de la ville, et lorsqu'il parut devant le prince, il était entouré par six cents des plus braves de ses gardes. Ces précautions empêchèrent qu'il ne fût arrêté. Hussein-Khan avait, je crois, été prévenu du dessein du prince royal. A son retour je le rencontrai près d'Erivan : « Avouez, » me dit-il, que j'ai surpris bien du monde en venant en aussi bonne compagnie. »

et de l'autre jusqu'à la chaîne du Zagros, qui l'eût séparée des pachaliks de Kars et de Bajazet.

D'un autre côté, les Persans qui avaient commencé à introduire chez eux, durant la guerre, le système d'organisation militaire européen, en formant et disciplinant des troupes de toutes armes, n'étaient pas fâchés de cesser une lutte aussi inégale, sinon pour les perfectionner, du moins pour les mettre en état de se montrer avec plus d'avantage devant les troupes russes, quoique ces troupes de nouvelle formation eussent déjà fait éprouver aux Russes une résistance à laquelle ils n'étaient pas accoutumés. On pourrait obtenir des Persans beaucoup plus encore si on leur permettait de se perfectionner dans un art pour lequel ils ont un goût prédominant, et sacrifieraient sans regret ce qu'ils ont de plus cher. Ils feront des progrès d'autant plus rapides que loin d'avoir l'éloignement ridicule des Turcs pour les innovations militaires, ils ont le bon esprit de sentir que la position critique de leur pays rend ces innovations indispensables ; ils les adoptent donc avec une ardeur inconcevable, guidés par le prince Abas-Mirza, jeune homme de la plus grande espérance, qui ne rêve qu'évolutions et qui n'est heureux qu'au milieu d'un camp, entouré de troupes de différentes armes, qu'il se plaît à faire manœuvrer lui-même, s'instruisant et profitant de tout. Avide d'apprendre, il a fait traduire tous les auteurs militaires qui lui ont été recommandés, et les a presque tous gravés dans sa mémoire ; du reste, sobre, tempérant, aussi populaire que son rang le permet, il lui a fallu peu d'efforts pour engager ses troupes à marcher sur ses traces et à se conformer de point en point à ses instructions.

Les Persans avaient encore besoin à cette époque de remplir leurs arsenaux, qui étaient totalement vides; de fondre des bouches à feu, et de se procurer des projectiles tirés de l'Inde, d'où jusqu'alors les Anglais les leur envoyaient. Soit politique, soit par toute autre raison, ils n'ont jamais fourni de ces munitions qu'en très-petite quantité à-la-fois, en sorte que les Persans manquaient de mitraille, d'obus, de pierres à fusil et de mèches, quoique tous ces objets abondassent dans l'Inde et fussent payés au poids de l'or en Perse. Ils devaient, de plus, construire des forges dans l'Azerbidjan, où la mine de fer est commune. Les environs d'Aker regorgent de minerai de première qualité : on y trouve une rivière, du bois en abondance, et néanmoins les forges n'ont pas encore été établies, tant est grande l'insouciance du roi pour les choses les plus utiles!

Il paraîtra sans doute étonnant que dans un pays où le minerai peut rendre de quatre-vingt-cinq à quatre-vingt-dix pour cent, on soit obligé de faire usage de projectiles de cuivre, qui sont loin d'avoir l'effet du fer, et reviennent à un prix exorbitant, puisque les boulets de douze et les obus de six pouces, calibres les plus forts de la Perse, coûtaient chacun cinquante francs. La mitraille, faute de fer, est de plomb, ce qui, par la pesanteur et la malléabilité du métal, lui ôte son principal mérite, le ricochet. La poudre s'y fait fort mal, en petite quantité et d'une manière très-dangereuse, car j'ai vu souvent moi-même broyer les matières qui entrent dans sa composition en pleine rue, dans un tronc d'arbre creusé en forme de mortier, avec un grand pilon de gayac, au milieu duquel on avait coulé du plomb pour le rendre plus lourd. Les hommes employés à cette besogne n'avaient pas l'air de se douter qu'une étincelle sortie de la pipe d'un passant pût les anéantir.

J'ajouterai enfin qu'à cette époque les Persans avaient chez les Russes une grande quantité de prisonniers, tous bons et vieux soldats, très-précieux pour établir et consolider le système de discipline nouvellement introduit, que la paix leur rendait sans échange. Ce n'était cependant pas le seul avantage que la paix dût assurer à la Perse (1); elle rouvrait aussi le principal débouché des produits de son sol en rétablissant les anciennes liaisons de commerce avec la Géorgie, qui lui envoie les siennes en échange, et renouait en

---

(1) Avant que les Persans adoptassent les coutumes militaires de l'Europe, ils ne faisaient pas de prisonniers. Le petit nombre de prisonniers russes qui étaient au pouvoir des Persans à l'époque de la paix, avaient été épargnés d'après un ordre précis du roi, rendu à la sollicitation des officiers anglais alors en Perse. Autrefois on leur coupait la tête, pour chacune desquelles la troupe victorieuse recevait un ducat. Mais à la prise du fort de Soltambot, au mois de mars 1812, un sergent anglais ayant été tué, on reconnut sa tête parmi celles qu'on présentait pour obtenir un salaire; ce qui engagea à solliciter cet ordre qui depuis a toujours été exécuté.

quelque façon les liens de ces deux peuples, qui s'entr'aidèrent pendant si long-temps, et dont l'appui mutuel semblait indispensable à leur sûreté. En effet la Géorgie fut toujours fidèle à l'alliance des Persans et leur fournissait l'élite de leurs armées; mais il n'en fut pas de même de Schah-Hussein; aussi le prince de Géorgie jura sur son sabre de ne jamais secourir la Perse dans le plus grand danger, et il tint parole. A l'époque de l'invasion des Afchards, ce fut en vain qu'on réclama son contingent, et il laissa envahir l'empire sans faire le moindre mouvement.

CHAPITRE II.

DU CLIMAT DES DIFFÉRENTES PROVINCES ; CARACTÈRE DES PEUPLES QUI LES HABITENT.

Le climat des provinces de la Perse diffère en raison du plus ou moins de rapprochement du midi, car il est assez commun d'éprouver une chaleur étouffante dans les environs du golfe Persique, tandis qu'en Azerbidjan il fait un froid qui excède quelquefois douze degrés et même souvent dix-huit, accompagné de cinq ou six pieds de neige.

On peut assurer que la presque totalité de la Perse est très-saine, exempte non-seulement de peste et d'épidémie, quoique ces fléaux règnent chez ses voisins, mais encore des petites maladies ou indispositions que les saisons occasionent presque partout. J'en excepte cependant quelques lieux voisins de la mer Caspienne, qui, par leur nature marécageuse, produisent assez souvent des fièvres intermittentes qui deviennent quelquefois très-dangereuses. J'en ai fait moi-même la triste expérience.

La chaleur, même dans les provinces le plus à l'est et au sud, incommode rarement, parce qu'elle y est toujours tempérée par des vents d'ouest d'une violence extrême et qui attaquent la vue d'une manière terrible, par la poussière corrosive qu'ils chassent dans les yeux.

Pour donner une idée de cette poussière, il suffit de savoir que, comme il se passe presque toujours dans ce pays neuf mois de l'année sans pluie, la terre desséchée et frappée par les vents impétueux, s'enlève en tourbillons en emportant avec elle de petites parcelles qui se détachent des maisons, faites pour la plupart de briques crues et desséchées au soleil, et qui sont bientôt réduites en poussière si fine, qu'elle pénètre les vêtemens les plus épais, malgré les précautions que l'on prend pour s'en garantir; et elle s'incruste dans la peau d'une manière si incommode et si désagréable qu'on est obligé, aux bains, de faire usage plusieurs fois de savon pour se débarrasser de la crasse qu'elle produit.

Il existe cependant dans la Perse des lieux qui semblent comme privilégiés de la nature, quoique situés au milieu des provinces les plus septentrionales, et où, dès le commencement des froids, les habitans des environs se retirent en traînant après eux les ustensiles de ménage, leurs bestiaux et leurs tentes faites d'étoffe grossière de laine noire.

J'ai vu de ces vallées tellement entourées de montagnes, qu'elles semblaient former des bassins, dont les fonds étaient au mois de janvier aussi chauds et aussi agréables que toutes les autres parties de la Perse dans le mois de juin, et remplies d'herbes hautes et touffues, arrosées par des ruisseaux de l'eau la plus pure et la plus limpide.

Le caractère du persan est peut-être le plus heureux et le plus doux de toutes les nations d'Orient; et s'il diffère un peu de province à province, ce n'est qu'en raison du grand nombre d'étrangers que cette nation, à diverses époques de ses guerres, fut obligée d'adopter pour remédier à la dépopulation qu'elles avaient occasionée. Aussi le sang persan est-il mélangé d'arabe, d'indien, de tartare et de turc, ce qui ne l'a pas empêché de conserver sa beauté. Aux diverses époques signalées dans l'introduction, une multitude d'Afchards, originaires de

Turcomanie, vint s'établir dans différentes parties de la Perse.

Nadir-Schah originaire de cette tribu, et qui estimait leur bravoure, les réunit, en prit un certain nombre pour lui servir de gardes, et, pour se les attacher davantage, leur donna la province d'Ouroumëa, située sur les bords du grand lac salé de ce nom, et voisine du Kurdistan. Quoique plusieurs d'entr'eux aient encore conservé quelque chose du caractère dur et barbare des Turcomans, leurs ancêtres, la province n'en est pas moins citée aujourd'hui comme une des plus nobles, des plus braves et des plus hospitalières de la Perse (1).

L'agriculture est surtout soignée chez eux d'une manière étonnante pour l'Asie, et malgré que leur sol soit naturellement aride et ingrat, ils sont parvenus, à force d'art, à le

(1) Cette dernière vertu est si scrupuleusement exercée en Perse, qu'il serait rare de rencontrer un individu quelconque, à l'entrée d'une ville ou d'un village, qui n'accueillît pas un étranger par ces mots : *Meneum-konack* (vous êtes mon convive). Ces mots ne sont pas vides de sens comme les autres politesses usitées en Perse, puisque celui qui les prononce se considère comme grièvement offensé si on le refuse.

fertiliser et à le rendre aussi productif qu'aucun autre de la Perse.

Les Afchards sont un peu taciturnes, d'une bravoure extraordinaire, et excellens cavaliers. A l'exemple de leurs ancêtres, les Turcomans, ils ont conservé l'habitude de se servir du javelot et de la lance, qu'ils manient avec une adresse inconcevable, et avec ces armes ils sont redoutables à toute espèce de cavalerie.

Les habitans de toutes les autres provinces de l'Azerbidjan sont à peu de chose près du même caractère, sombres et réfléchis. Il est facile de voir qu'ils tiennent beaucoup des Turcs, qui ont habité leur pays un grand nombre d'années, et d'où ils ne furent définitivement chassés que sur la fin du règne de Nadir-Schah (1).

Les Persans sont à-peu-près aussi civilisés que leur religion peut le permettre : doux,

---

(1) Ce peuple a long-temps occupé Tébris qu'il avait même fortifié à sa manière, c'est-à-dire, avec des murailles bien hautes, flanquées d'énormes tours rondes, plus larges à la base qu'au sommet, comme on en voit encore quelques-unes dans nos anciennes places européennes, et notamment à la cité Valette à Malte.

affables, d'une politesse rare, d'une hospitalité sans exemple; futiles dans leurs discours, fins et rusés dans leurs relations, mais incapables de s'occuper d'affaires sérieuses, brisant tout-à-coup la conversation la plus intéressante, pour parler de chevaux, de chasse, de campagne, ou pour faire remarquer le vol d'un oiseau ou d'une mouche; grands dans tout ce qu'ils font, aimant le faste et l'ostentation, paresseux au-delà de toute expression, par caractère, et d'une agilité surprenante quand le cas l'exige; braves jusqu'à la témérité, mais manquant de tête et de persévérance dans les occasions périlleuses; superstitieux à l'excès, surtout relativement au rite d'Aly; grands amateurs de voyages, de chasse et de pélerinages; bons époux, pères excellens, mais souvent trop sévères; maîtres indulgens, généreux et charitables; d'un machiavélisme perfide dans tout ce qui peut tendre à l'agrandissement de leurs familles, de leurs dignités ou de leur fortune; souples et rampans devant le souverain, mais amis cachés de l'indépendance; ennemis jurés les uns des autres, et se voyant journellement avec tous les dehors de la politesse et de la plus sincère amitié; du reste, presque tous instruits, parlant avec grace, aimant à faire briller leur esprit et leurs connaissances, fort curieux de beaux chevaux et par-dessus tout de belles armes; mettant un amour-propre étonnant à ce que leurs femmes soient toujours richement vêtues et pourvues d'une grande quantité de bijoux.

Les habitans du Kermanchah semblent seuls faire exception à la règle, pour les qualités attribuées à ce peuple, que non-seulement ils sont loin de posséder, mais qu'ils blâment même; et à l'hospitalité près, qu'ils pratiquent plutôt par habitude que par vertu, ils peuvent être regardés comme des bêtes féroces, étrangers à tous sentimens humains et à tout ce qui tient de l'homme, dont ils n'ont que la figure. Un prince doux et modéré serait sans doute parvenu à tempérer cette rudesse originelle de mœurs; elle semble augmenter au contraire depuis qu'ils sont commandés par Mohamed-Ali-Mirza, fils aîné du roi, qui affiche hautement sa cruauté naturelle, son ignorance et sa haine profonde pour tout ce qui porte le caractère européen. Je crois devoir attribuer l'énorme différence qui existe entre les habitans de cette province et ceux de toutes les autres parties de la Perse à l'ingratitude de leur sol, qui les oblige à se dévouer tous au métier des armes et au brigandage, à l'exemple des Curdes et des Arabes, leurs voisins, avec lesquels ils se mettent souvent de compagnie pour détrousser les caravanes.

CHAPITRE III.

DE LA DÉPOPULATION DE LA PERSE, ET DE SES CAUSES.

Toutes les tentatives qu'on a faites jusqu'à ce jour pour se procurer un recensement approximatif de la population de la Perse, ont été inutiles, et continueront à l'être tant que les beglierbeys, ou gouverneurs, auront en main des pouvoirs illimités; car, avec les principes d'administration suivis en ce pays, si le souverain connaissait au juste la force de la population de leurs gouvernemens, il pourrait en exiger un revenu plus considérable. Ils la lui présentent donc toujours comme de moitié plus faible qu'elle n'est réellement.

Il est hors de doute qu'elle devait être immense avant les troubles qui agitèrent le règne de Schah-Hasseim, dernier roi de la race des Séphis. Si l'on considère d'une part l'énorme quantité de villages dont il ne reste que des vestiges qui couvrent la Perse, de l'autre la majeure partie de ses villes presque réduites à rien, on verra qu'elle a perdu plus des sept huitièmes de sa population depuis l'invasion des Afgans; en effet, si l'on veut se donner la peine de jeter les yeux sur les Mémoires du chevalier Chardin, et de comparer le tableau qu'il fait d'Ispahan et de ses environs, avec celui tracé par M. Picault dans son Histoire des révolutions de la Perse, on aura une idée exacte des calamités qui ont pesé sur toutes les parties de ce malheureux pays pendant plus d'un siècle (1).

Sans vouloir réfuter le dernier de ces historiens sur les causes de cette dépopulation extraordinaire, je dirai seulement qu'outre les guerres civiles qui commencèrent sous le règne de Schah-Hasseim et qui continuèrent

---

(1) La révolution qui mit un terme à la dynastie des Séphis commença en 1721. Ce fut le 22 septembre 1722 que Mahamoud s'empara d'Ispahan, et l'on ne peut considérer cette révolution comme terminée qu'à l'avènement de Fatey-Aly-Schah au trône, qui eut lieu en 1797; ce qui donne une durée de 76 ans d'anarchie, non compris 18 ans de guerre, depuis que ce souverain a saisi les rênes de l'empire.

sous celui des Afgans, de Nadir-Schah, de Kérim-Khan, et de ses successeurs, auxquelles il l'attribue exclusivement, il se fit encore à différentes époques des émigrations considérables, surtout vers la fin du règne de Nadir-Schah lorsqu'il commença à se livrer à cette malheureuse soif de l'or, qui lui fit commettre tant de cruautés. Il était alors fort commun de voir des villages, et même des villes entières, abandonnés d'un mouvement spontané par leurs malheureux habitans qui, emportant avec eux tout ce qu'ils possédaient de plus précieux, se sauvaient à travers les montagnes, où ce tigre les faisait poursuivre et massacrer sans pitié pour ravir leurs dernières dépouilles.

On voit encore aujourd'hui, entre Tébris et Salmas, trois ou quatre villes, Tassudge entre autres, qui comptaient à cette époque de quarante à cinquante mille âmes, et qui n'ont aujourd'hui que quatre ou cinq maisons habitées.

Casbin, l'ancienne résidence des rois de Perse, qui, si l'on en juge par les vestiges de son enceinte, devait contenir plus de cent mille habitans, en compte à peine aujourd'hui dix mille.

A Sultanie on voit encore trois mosquées (1) qui en formaient les trois points les plus éloignés; elles sont à de telles distances les unes des autres, qu'on peut en conclure que cette ville devait avoir une immense étendue; il n'y reste cependant que trois maisons habitées, dont une sert de poste aux chevaux.

Tébris, que l'on croit être l'ancienne Ecbatane, que beaucoup d'historiens placent à Hamadan (2) et qui passait pour une des plus grandes cités de l'Orient, fut victime des mêmes événemens et d'autres calamités; elle n'est plus qu'une ville médiocre et d'une faible population pour son étendue. La place seule de l'ancienne qui pouvait contenir plus de trente mille hommes en bataille, renfermerait presque aujourd'hui toute la ville ac-

---

(1) La plus grande, qui est au centre, servait jadis de tombeau aux monarques de Perse, et pouvait être considérée comme un des plus beaux édifices de cet empire. Elle est encore de nos jours fort bien conservée, et il y faudrait peu de chose pour la remettre en état, si l'on savait ce que c'est que réparer en Perse.

(2) Les savantes recherches des orientalistes modernes ont mis hors de doute que Hamadan était cette brillante capitale de la Médie.

tuelle; les vestiges des anciennes murailles se font apercevoir de tous côtés, à deux, trois, et même quatre milles de la nouvelle enceinte. Cependant, elles sont mieux conservées au nord sur le versant de la colline, que dans la plaine, où le soc du laboureur les a dispersées en plusieurs endroits.

Quand les Turcs furent expulsés de la Perse, toutes les familles de cette nation, qui l'avaient habitée nombre d'années, s'enfuirent. Prise et reprise plusieurs fois, mais toujours défendue avec acharnement, il s'y fit des massacres terribles, (1) et comme si toutes ces circonstances n'eussent pas été suffisantes pour anéantir cette ville, un tremblement de terre la détruisit de fond en comble quelques années après, en écrasant sous ses ruines plus de quatre-vingt-dix-mille personnes (2).

---

(1) La dernière fois que les Turcs la prirent sur les Persans, en 1725, ceux-ci avaient barricadé toutes les rues, crénelé les maisons et les mosquées : ils se battirent avec une telle fureur et un tel acharnement, que les assiégeans furent obligés d'employer la mine pour en faire sauter quelques-unes qui résistaient au canon. Il y périt près de deux cent mille âmes pendant six jours et six nuits que dura le massacre.

(2) Cette crise produisit un phénomène assez sur-

Ajoutons à toutes ces calamités qui désolèrent la Perse, celle d'un manque d'eau qui se fit sentir à cette époque sur presque tous les points de ce vaste empire. Ainsi privé de pluie pendant neuf mois de l'année, et ne pouvant favoriser la végétation de son territoire que par l'art avec lequel on y fait serpenter les rivières et les ruisseaux qui l'arrosent, ce pays vit tout-à-coup arrêter sa prospérité par le désséchement de la majeure partie de leurs sources.

Il en est donc résulté, comme le dit très-bien M. Picault, que la terre s'est couverte d'une croûte de sel. Mais je suis loin de partager son opinion à l'égard de ce phénomène; il prétend que cette croûte l'empêche d'être

---

prenant. Pendant la violence des secousses qui se prolongèrent de l'est à l'ouest, il sortit tout-à-coup du sein de la terre, au nord-ouest, entre la ville et la montagne, un banc d'une couleur grisâtre, long d'environ deux milles, de cinquante toises de hauteur et plus de cinquante de largeur, qui prit la direction est et ouest; cette masse, composée de sable et de soufre, conserve sa couleur grise, qui contraste singulièrement avec la terre rouge foncé qui tapisse l'escarpement de la montagne du côté du nord et la verdure qui l'entoure de tous les autres côtés.

de nouveau fertilisée ; mais l'expérience a prouvé, et j'ai moi-même été souvent témoin, qu'il suffit de remuer un peu la terre à fond pour la rendre aussi productive qu'une terre vierge ou couverte d'engrais. Il n'en est pas moins vrai que cette pénurie d'eau obligea, dans le temps où elle se fit sentir, une grande partie des habitans des plaines à les abandonner. Le petit nombre qui y resta, se réunit alors, et après un travail pénible et long, il parvint à en faire venir des montagnes les plus voisines, et des grandes rivières, par le moyen de conduits souterrains, qui la leur amenèrent pure et fraîche dans toutes les saisons de l'année.

Le travail de ces conduits est incalculable, parce qu'ils nécessitent de continuelles réparations, pour obvier aux éboulemens qui interceptent le chétif filet d'eau qu'ils reçoivent; car il en est de tellement médiocres que leur produit excède à peine les besoins journaliers des villages où ils aboutissent.

Ces conduits sont tout simplement des canaux souterrains, ronds, du diamètre de trois ou quatre pieds, creusés dans la terre, sans autre espèce de blindage ni supports. On en connaît extérieurement le trajet par des monceaux de terre placés sur une ligne plus ou moins régulière, qui se divise souvent en plusieurs branches. Ces monceaux sont distans les uns des autres de cinquante à soixante pas; chacun d'eux est placé sur le bord d'un trou fait en forme d'entonnoir, qui pénètre jusqu'au ruisseau. Ces espèces de regards sont pratiqués pour pouvoir connaître de suite, en cas d'éboulement, les endroits où ils se sont faits, y descendre et réparer le tort qu'ils auraient pu occasioner.

Aux points où ces conduits se rapprochent des routes ou les traversent, on a pratiqué, pour la commodité des voyageurs, des abris au fond desquels il y a des escaliers qui mènent aux ruisseaux. On a formé dans ces espèces de reposoirs des bassins en pierre, auxquels sont attachés, avec des chaînes de fer, de grandes cuillers de cuivre pour puiser de l'eau.

Ces conduits se nomment kérisses, et l'on en trouve maintenant dans presque toutes les plaines de la Perse. Il y en a de forts considérables, et qui, après avoir parcouru un immense trajet sous terre, forment en revenant à son niveau des ruisseaux larges et profonds qui arrosent le territoire de plus de mille villages, et font encore pendant ce cours mouvoir une très-grande quantité de moulins.

Il paraît en général que c'est à la nécessité seule qu'il faut attribuer l'industrie des Persans dans l'hydraulique. Dans les villes, chaque maison a un ou plusieurs bassins ornés de jets d'eau, et l'on est étonné de la quantité des conduits souterrains que toutes ces répartitions nécessitent, et surtout de la manière simple avec laquelle elles sont faites.

Dans ce cas, on conduit l'eau par le moyen de tuyaux de terre cuite du diamètre de cinq à huit pouces et épais de six lignes, qu'on adapte les uns au bout des autres, et en les couchant dans cet état sur un lit de terre glaise encore fraîche, et qui en se durcissant leur font une espèce d'enveloppe impénétrable. Ils y durent fort long-temps, quoiqu'ils ne soient souvent qu'à un pied sous terre, ce qui au reste ne doit pas paraître étonnant, puisqu'ils ne peuvent être écrasés par les voitures qui sont totalement inconnues dans ce pays (1).

(1) La seule voiture qu'on ait vue depuis long-temps en Perse est un carrosse à quatre places que l'ambassade française offrit au prince royal, et qui pourrit sous une remise.

J'en excepte cependant des espèces de machine lourdes et informes, montées sur des roues beaucoup plus informes encore, et qui pourraient par cette raison réclamer le nom de chariots; mais outre qu'elles sont excessivement rares, elles n'approchent jamais des villes, et servent à transporter les récoltes des champs aux fermes et aux villages lorsque la distance est trop grande pour qu'on puisse le faire à dos de mulet ou de chameau. On les attèle de deux ou quatre buffles, tirant par les cornes au moyen de jougs très-simples fixés à la tête de ces animaux avec des lanières de cuir.

Litho de C. Motte

B.R

Persan en habit d'été.

ayant totalement changé depuis le séjour qu'y fit ce célèbre voyageur.

Les hommes sont généralement vêtus de robes longues et étroites jusqu'aux hanches, d'où elles s'élargissent et descendent jusqu'aux talons, dans la forme de celles que portaient nos dames au seizième siècle. Ils ont dessous une espèce de veste fort longue, faite d'indienne ouatée, qu'ils croisent sur les reins, et qui, en remontant, s'ouvre de manière à laisser la poitrine découverte; elle se trouve néanmoins tout-à-fait cachée par la robe quand ils sont habillés.

Leurs chemises, faites d'étoffes de soie de différentes couleurs, sont fort courtes, sans

---

quelques années après, les Persans portaient des bonnets carrés de drap rouge, surmontés d'aigrettes et de plumets. Ils les ont depuis changés pour d'autres de peau d'agneau noire, qui sont ceux à la Kadjard; et je suis étonné que M. Picault n'ait pas été instruit de cette circonstance quand il a écrit « qu'à l'égard de » la tenue des personnes et de la forme des vêtemens, » rien n'avait changé depuis Chardin. » Il suffit cependant de jeter un coup-d'œil sur les planches de ce voyageur et sur les miennes, pour y voir une telle différence qu'elle pourrait faire douter si ce sont des gens du même pays qu'on a voulu représenter.

collets, fendues sur le côté droit et bordées d'un petit cordonnet de soie de couleur tranchante.

Ils portent des pantalons fort larges de taffetas rose ou cramoisi, qu'ils attachent sur les hanches et par-dessous la chemise, au moyen d'une coulisse dans laquelle ils passent un cordon de soie élastique qu'ils nouent sur le devant, de manière à ne pas s'incommoder. Ces pantalons descendent jusque sur le coude-pied, où ils sont encore plus larges qu'au-dessus de la jambe.

Ils ne connaissent pas l'usage des bas, mais ils ont des chaussons tissus à-peu-près comme l'étoffe de leurs tapis.

Ils parcourent la ville avec des mules de galucha vert, comme en portaient encore les dames françaises il y a trente ans. La classe pauvre, et qui est obligée de marcher continuellement, fait usage d'une sorte de brodequins dont les pieds sont longs et pointus comme ceux des pantoufles chinoises. Quand ils montent à cheval, ils portent des bottes fortes en cuir de Bulgarie, qui montent au-dessus du genou, et s'y terminent en pointe. Les talons en sont encore beaucoup plus hauts et plus incommodes que ceux de nos bottes à la hussarde ; aussi seraient-ils fort embarrassés s'il fallait marcher seulement dix minutes chaussés de cette manière.

Ils gardent jusqu'à un certain âge une partie de leurs cheveux, c'est-à-dire qu'ils se font raser la tête dans toute la largeur du front, jusqu'à la nuque; par ce moyen, les deux tempes seules restent garnies.

Les jeunes gens laissent tomber, devant et derrière les oreilles, deux grandes mèches bouclées qui descendent jusque sur les épaules. Ils les portent jusqu'à quarante-cinq à cinquante ans, alors ils font de la barbe le seul ornement de leur figure, ayant grand soin de la noircir au moins tous les huit jours; car, telle est en Perse la fureur pour les barbes et les cheveux noirs, qu'on n'en voit jamais de gris, encore moins de blancs, si ce n'est à quelques prêtres qui la laissent ainsi pour se donner l'air plus vénérable.

Les Persans portent sur les hanches une ceinture de schals, et c'est assez souvent à cet ornement, et au couteau qui y est attaché, qu'on peut se faire une idée du rang ou de la fortune des individus. La classe ordinaire les porte en laine commune, et souvent d'étoffe de coton, tandis que les nobles et les riches

Litho. de C. Motte

Persan couvert de son Kurck

B. R

en ont toujours des manufactures de Cachemire, auxquels ils attachent des couteaux droits enrichis de ciselures ou de pierreries, et dont les étuis, faits de bois léger et odoriférant, sont recouverts en galucha noir. Les kangiars courbés sont portés par les gens de la classe mitoyenne, et ceux dits à la géorgienne, par les gens du peuple et les soldats.

Pendant l'hiver, les Persans s'enveloppent de larges capotes, faites avec des bandelettes de peau de mouton extrêmement fines, et dont la laine est longue de 6 pouces. Ces capotes, qu'ils nomment kurks, sont d'une chaleur excessive.

Ils font aussi usage d'autres sortes de redingotes, faites à peu de choses près comme nos chenilles (1). Ce vêtement est aussi d'étiquette et de cérémonie pour toutes les saisons, car on ne peut se présenter à la cour ou chez les grands sans en être revêtu. Les plus distingués sont faits de drap écarlate,

---

(1) Sorte d'habit négligé, ample et très-simple, que portaient les hommes le matin il y a trente ou quarante ans. L'expression proverbiale être en chenille, signifie qu'on n'est pas vêtu de manière à se présenter en société. *Note de l'éditeur.*

mais tout le monde n'a pas le droit de se revêtir de cette couleur, particulièrement affectée aux princes, aux nobles, aux employés d'un haut rang : les autres classes les portent bleus, verts ou bruns. Les gens riches, ainsi que leurs femmes, se vêtissent, pendant les grands froids, de fort belles fourrures, qu'ils font venir à grands frais d'Astrakan. Les hommes de la classe du peuple ne se garnissent jamais en hiver que d'une petite veste courte, fourrée en peau de mouton, qu'ils laissent ouverte sur le devant, et dont les manches ne descendent que jusqu'à moitié des bras.

Les Persanes sont, sans contredit, les plus belles et les plus jolies femmes du monde, et, malgré tout ce qu'il a plu aux voyageurs de dire sur les Géorgiennes et les Circassiennes, dont j'ai pu juger par comparaison, je puis assurer que non-seulement celles-ci, mais aucune autre race de femmes, n'approchent de la perfection des dames persanes; et pour ne pas être accusé de partialité dans cette occasion, je ferai, autant qu'il me sera possible, une légère description des beautés qui distinguent chacune d'elles, et des moyens qu'elles emploient pour paraître avec plus d'avantage.

Litho de C. Motte

Mirza en robe de Cérémonie

Litho de C. Motte

Persan en Katébi de velours

15.33

Litho de C. Motte

Dame persane en Tikmèh de fourrure

Lith. de C. Motte

Homme du peuple en Kourdi

Lith. de C. Motte.

Dame persane en Tchapkin de Brocard.

Lith. de C. Motte

Dame persane en Arkalaï sans schal

Les Persanes sont grandes, droites, élancées et fort bien faites. Chez elles, tout est l'ouvrage de la nature, et les beautés les plus accomplies doivent rarement quelque chose à l'art. Toutes sont d'une blancheur éblouissante, ce qui ne doit pas paraître étonnant, puisqu'elles s'exposent rarement au soleil et n'ont jamais la figure découverte.

Une belle chevelure est d'un grand prix à leurs yeux; elles en prennent un soin extrême. La nature les a bien traitées à cet égard; leurs cheveux sont très-épais et arrivent souvent jusqu'à terre. Si elles les teignent fréquemment, c'est plutôt par luxe que par besoin, puisqu'ils sont en général du plus beau noir.

Les Persanes n'ont de commun avec les autres femmes orientales qu'une expression de noblesse et de dignité qu'on remarque chez presque toutes les dames asiatiques, et qui me semble être la conséquence de la grande régularité de leurs traits.

Elles ont le front haut et très-blanc, les sourcils noirs, bien fournis, et formant deux arcs qui se terminent à la naissance du nez. Leurs yeux sont d'un noir parfait, fendus en amande, d'une grandeur surprenante, et ornés de longs cils qui leur donnent une expression plus facile à éprouver qu'à rendre. Elles ont le nez très-droit et de la plus belle proportion. A l'égard de la bouche, il est impossible d'en voir de plus petites : on fait tant de cas d'une petite bouche, qu'il est passé en proverbe qu'une femme, pour être réputée jolie, doit l'avoir moins grande que les yeux. Si ce n'est pas tout-à-fait exact, il ne s'en faut de guère chez beaucoup d'entre elles. Celles qui croient n'avoir pas les yeux assez grands, d'après les idées qu'elles se font de ce genre de beauté, se les peignent plusieurs fois le jour avec de l'antimoine, au moyen d'un petit fuseau d'ivoire qu'elles enduisent de cette drogue, et qu'elles coulent légèrement entre les paupières, en les tenant fermées. Cette partie de leur toilette leur plaît beaucoup, bien qu'à mon avis, elle leur donne l'air dur et quelque chose de repoussant.

Les Persanes ont les dents fort blanches, et bien qu'elles soient dans l'usage de fumer le cailliau, espèce de pipe dont je parlerai plus tard, on n'en voit aucune à qui elles deviennent jaunes, même dans un âge avancé; leur menton est petit, bien fait, et se termine par une légère fossette qui accompagne fort bien leur genre de figure, et lui donne un agrément de plus. Si j'étais tenté cependant de leur trouver un défaut, ce serait d'avoir le visage trop rond, ce qui est néanmoins considéré dans ce pays comme le plus haut degré de beauté : on sait que tous les poëtes persans, parlant de belles figures, les comparent toujours à la lune dans son plein.

Les Persanes ont presque toutes un autre défaut, que j'attribue à leur réclusion, c'est une pâleur habituelle; mais elles se donnent des couleurs d'une manière si simple, qu'il est difficile au plus habile connaisseur de s'apercevoir si elles en sont redevables à la nature ou à l'art. Les femmes obligées d'y avoir recours emploient pour cela du savon d'une composition toute particulière, connu seulement dans le pays, et dont elles font usage de la manière suivante.

Après s'être bien lavé le visage, et l'avoir essuyé avec du linge très-fin, elles font de légers frottemens avec un morceau de cachemire, pour irriter la peau et la rendre susceptible d'absorption; elles y passent ensuite deux ou trois fois ce savon à sec, et l'essuient légèrement ensuite avec le même cachemire, ce qui suffit pour produire des couleurs si vives et si transparentes, qu'on peut s'y tromper et les croire naturelles; d'ailleurs ce savon, quelqu'usage qu'on en fasse, n'altère jamais la peau et produit toujours un effet semblable.

Les Persanes semblent faire peu de cas de leur gorge, quoiqu'elles l'aient fort belle (1); mais elles ont en revanche un grand soin de leurs bras, et surtout de leurs mains. Elles se les teignent de temps à autre avec le henné, drogue dont je parlerai plus tard, et parviennent ainsi à les rendre douces, unies, potelées et blanches comme de l'ivoire.

Les Géorgiennes sont sans doute de fort belles femmes, et d'une taille plus élevée que les Persanes, mais elles sont loin d'approcher de leurs grâces et de leur tournure; en effet elles ont la figure longue, on pourrait même dire maigre; et ne sont pas aussi sveltes que les Persanes, ce que j'attribue à un grand fond de nonchalance, et à de certaines idées de bienséance qui les empêchent, quoi qu'il puisse arriver, de faire jamais un pas plus long et plus vite que l'autre.

---

(1) Elles ne connaissent pas les corsets, ce qui ne les empêche pas de se conserver très-sveltes jusqu'à plus de trente ans.

Lith. de C. Motte

B.R

Dame géorgienne en costume national.

Leur grande réputation de beauté est fondée en partie sur leur teint, qui est, à la vérité, assez beau, mais qui leur appartient rarement en totalité. J'oserais assurer que sur cent Géorgiennes qui ont une réputation de beauté, il y en a quatre-vingts couvertes de blanc et de rouge, genre de coquetterie qui s'étend jusqu'aux femmes de dernière classe, qui ne voudraient pas sortir de chez elles sans être plâtrées de cette manière. A les voir de quarante à cinquante pas, ou bien à la lumière, on leur trouve peut-être plus d'éclat qu'aux Persanes, mais il suffit d'en approcher pour voir évanouir le prestige; il est ordinairement si grossier, que je suis encore à réfléchir comment ces dames n'arrangent pas mieux les couleurs dont elles surchargent leurs figures; elles les portent si épaisses, qu'elles tombent par éclats comme un enduit qui se détache d'une muraille. On serait tenté de croire, en les voyant aussi mal ajustées, qu'elles mettent autant de soin pour faire connaître ces couleurs d'emprunt qu'on en prend chez nous pour les cacher. Ajoutez à cela que, comme on fait grand cas en Géorgie des cheveux et des sourcils rouges, elles leur donnent cette couleur très-désagréable à mon avis.

Si leurs yeux ne sont pas aussi grands que ceux des Persanes, ils sont néanmoins bien proportionnés, d'un beau noir et d'une langueur attrayante. Elles ont le nez bien pris, mais un peu long, défaut qui, en Géorgie, est partagé par les hommes. Leur bouche est fort belle et ornée de dents magnifiques. Quant à leurs cheveux, comme, à deux mèches près, elles ne les montrent jamais, je n'en parlerai pas plus que du front, dont la majeure partie est cachée sous un large bandeau. Ces femmes sont du reste fort douces et très-aimantes, susceptibles d'un attachement durable, douées d'une patience rare, et très-précoces, car elles sont assez souvent mariées à onze ans et mères à douze.

La beauté des Circassiennes consiste surtout dans la régularité des formes et dans l'élégance de la taille. Les traits de leur figure sont néanmoins superbes. Ils sont à peu de chose près semblables à ceux des Géorgiennes, si ce n'est qu'étant presque toutes du plus beau blond possible, et conséquemment fort blanches, elles n'ont pas besoin de se plâtrer pour avoir de l'éclat. Leurs yeux sont noirs et d'une vivacité extraordinaire ; elles sont grandes, bien faites, mais constituées en force.

Litho de C. Motte

Dame circassienne en costume national.

B. R.

Elles sont surtout remarquables par la beauté de la gorge, que leur magnifique costume fait encore ressortir d'une manière très-avantageuse.

Les Persanes sont d'une douceur angélique et d'une égalité de caratère rare, vertus qui peuvent être considérées chez elles comme la conséquence de leur éducation, qui les condamne non-seulement à une réclusion perpétuelle et à être presque toujours étrangères à l'affection maternelle, mais encore à être sacrifiées, à peine nubiles, à l'intérêt et aux caprices de leurs parens, qui, dans les classes mêmes les plus élevées, font de leurs filles un objet de spéculation, soit en les vendant, en les mariant, ou en les donnant à quelques grands personnages, ou au souverain, pour s'en procurer la faveur ou des graces.

Les Persanes sont vêtues d'une manière fort désavantageuse, et à leur coiffure près, qui est très-belle, je ne connais rien d'aussi ridicule que leur costume. Cette coiffure se compose d'un turban fait avec un schal de cachemire, qu'elles arrangent fort artistement et qu'elles ornent çà et là de perles et de bijoux de toute espèce.

Elles forment de leurs cheveux une trentaine de petites tresses dont elles nouent la moitié sur le sommet de la tête et autour du turban, et laissent pendre les autres derrière avec les bouts du schal qui y tombent également d'une manière très-élégante. Deux mèches de cheveux bouclés, fort longues, descendent de chaque côté de la figure, jusque sur le sein, ce qui accompagne très-bien cette coiffure et ajoute encore à sa grâce.

La fureur des bijoux est si grande en Perse, parmi les femmes, que je ne pense pas qu'il y en ait une seule qui n'en possède quelques-uns; l'artisan le plus pauvre est souvent obligé de se priver du nécessaire pour en donner à sa femme, s'il veut avoir la paix dans sa maison.

Les femmes de qualité en ont d'une valeur excessive, et il n'est certainement aucune d'entre elles qui, outre cinq ou six parures complètes d'un fort grand prix, n'ait une douzaine de paires de bracelets, des anneaux pour chaque doigt, des perles de toutes grosseurs pour garnir leurs turbans, outre quantité de boutons, d'agrafes, etc. etc., le tout d'une grande richesse.

Leurs chemises sont, comme celles des hommes, fort courtes, sans collets, mais fendues vers le milieu de la poitrine et fermées au cou avec un bouton d'or garni de perles ou de pierreries. Elles sont ordinairement faites de mousseline brodée très-fine, avec deux ou trois rangs de petites perles bordant le tour du col. Elles les laissent, comme les hommes, sortir sur les pantalons. Elles endossent par-dessus de grandes vestes nommées arkala, faites ordinairement de satin ouaté que cachent leurs habits.

Ceux-ci, qu'on nomme chapkins, sont peut-être les choses les plus indécentes et les plus ridicules qu'on ait pu inventer pour vêtir des femmes; ce sont des espèces de tuniques sans collets, ouvertes sur le devant de manière à laisser voir toute la poitrine; elles ne ferment qu'avec trois boutons à un demi-pouce de distance les uns des autres, placés à la hauteur des hanches. Celles-ci y sont marquées par d'énormes goussets qui contribuent à les faire paraître beaucoup plus larges qu'elles ne le sont réellement. Au-dessous de ces boutons, le chapkin se croise de la gauche à la droite par de grandes bavettes qui prolongent les pans gauches, et qu'on attache à des boutons placés à un pouce de la hanche droite.

La longueur de ces habillemens a beaucoup changé; si l'on en juge par les peintures qui représentent les anciens costumes des dames de Perse, ils ont d'abord dû descendre jusqu'aux talons. Mais la mode, à force de les raccourcir, les a enfin réduits à n'être plus que des espèces de vestes qui ne couvrent pas même les genoux. Ils sont, du reste, très-riches, et faits du plus beau brocard d'or possible. On les orne aussi quelquefois de broderies élégantes, souvent même de perles et de diamans.

Les pantalons des femmes sont faits de même que ceux des hommes, et n'en diffèrent que par l'étoffe; on en voit en brocard ou en étoffe de soie brodée d'or ou d'argent et souvent de perles. Ils ont aussi cela de particulier, qu'ils sont ouatés d'une manière si ridicule, que les jambes ont l'air de deux colonnes informes; mais la mode et l'usage justifient tout, et plus ils sont gonflés, plus on les trouve décens.

Les Persanes ont pour chaussure des mules faites de velours brodé en or ou en soie.

Lorsqu'elles sortent, elles se couvrent d'une énorme pièce de toile qui pend jusqu'à terre, qu'on nomme chadera (qui signifie tente). Cette espèce de manteau est de toile de coton

B. H.

lith. de C. Motte

Dame persanne à la promenade couverte du Chadera et du Roubend.

blanche et coupée en demi-cercle. Elles l'attachent à la tête et au cou par le moyen de cordons cousus en dedans. Elles se couvrent en outre la figure avec un voile qu'on nomme roubend. C'est un morceau de toile, fait en forme de carré long, qu'on attache à la tête avec deux agrafes en or, fixées aux deux angles supérieurs, et qu'elles plantent sur les côtés du turban à la hauteur du front. Il y a devant les yeux une ouverture transversale de la longueur de deux pouces, dont tout le vide est fermé par un tissu en forme de filet ou de dentelle, et à travers lequel elles voient. Elles ne doivent jamais lever ce voile hors de la maison sous aucun prétexte, et il est rare qu'elles enfreignent cette tyrannique coutume. Elles ne sortent jamais sans mettre de larges bottines d'étoffe, dans lesquelles entre leur pantalon jusque au-dessous du genou, où il est contenu par des jarretières : de sorte que de tout leur brillant costume on n'aperçoit que les mules; ce n'est donc qu'à leur plus ou moins de richesse, ou à la finesse de l'étoffe du chadera et du roubend, que l'on peut deviner le rang des femmes que l'on rencontre.

Les femmes du peuple, qui sont un peu moins scrupuleuses, se servent peu de ces sortes de voiles; elles ont des chaderas étroits de toile de coton rayée bleu et blanc, qu'elles retroussent d'une manière particulière sur les hanches, puis avec la main droite elles en portent une partie devant leur figure, de manière à ne laisser découverte que la ligne des yeux. Mais quand elles aperçoivent un étranger, elles se couvrent de telle sorte qu'il est impossible de pouvoir juger la couleur ni la grandeur de leurs yeux.

CHAPITRE V.

DES BAINS PUBLICS.

Les bains sont, dans tout l'Orient, considérés non-seulement comme un objet de luxe, mais encore comme une chose indispensable ; car outre les raisons de climat qui les rendent nécessaires, ce n'est que par ce moyen que ces peuples peuvent se maintenir dans l'état de propreté qui leur est si utile.

D'abord les Persans ne changent de chemise que tous les mois, et couchent, ainsi que les femmes, avec leurs pantalons. Il ne doit donc pas paraître étonnant de les voir se baigner presque tous les jours; Mohammed, pour les obliger à la propreté, en fit un acte de religion si sévère, que peu de personnes peuvent se dispenser de fréquenter les bains, car il est dit dans le Koran que l'homme qui aura approché sa femme ou son esclave pendant la nuit, ne pourra être admis à la prière s'il ne s'est purifié par le bain avant le lever du soleil. En conséquence, tous les matins, avant que les mollhas annoncent la prière, on entend la cloche des bains qui appelle à la purification. Les hommes du peuple s'y portent en foule, les nobles et les riches en ont tous dans leurs harems : ils sont à leur disposition jusqu'à midi, passé cette heure, ils restent à l'usage des femmes qui y viennent à leur tour et les conservent jusqu'à la nuit.

Ces bains sont très-différens de ceux d'Europe; ils se composent de vastes bâtimens souterrains, recouverts en dômes, à la partie supérieure desquels on laisse de larges trous, bouchés avec des tables d'albâtre fort minces, qui laissent passer la lumière.

Les premières salles sont rondes pour l'ordinaire et fort grandes, garnies tout autour de banquettes et de niches où l'on se déshabille. Elles ont au centre de larges bassins de marbre ou d'albâtre, ornés de jets d'eau pour l'agrément des baigneurs.

Les Persans qui sont, je crois, les hommes les plus pudiques du monde, ont grand soin, avant de s'être totalement déshabillés, de s'envelopper le corps d'une toile qui les couvre depuis les hanches jusqu'aux genoux. Ils passent ensuite dans une salle que la vapeur de l'eau chaude rend si étouffante, que les personnes qui n'en ont pas l'habitude en sont presque suffoquées.

Cette salle est pavée de grands carreaux de marbre blanc, échauffés par l'eau qu'on y répand continuellement en abondance. Dans le fond est un petit cabinet où chacun se rend l'un après l'autre pour s'épiler, ce qui se fait dans un clin-d'œil par le moyen d'une pâte faite avec de l'orpin et un peu de chaux délayée dans de l'eau froide. On s'en frotte les parties velues, et elles deviennent nettes comme la paume de la main en moins de cinq minutes.

Il faut cependant connaître la manière d'employer cette drogue avant d'en faire usage : elle deviendrait dangereuse pour quiconque la laisserait séjourner plus de temps qu'il n'est nécessaire, et enlèverait dans quelques secondes toute la peau en ne faisant qu'une plaie de la partie où elle aurait été appliquée. Il en serait de même si, après s'en être servi, on avait l'imprudence de se laver avec de l'eau chaude qui, lui donnant plus d'action, la rendrait bien plus corrosive.

Après l'opération que je viens de décrire, on rentre dans la salle chaude où deux hommes vigoureux, qui sont des barbiers du pays, nus comme vous, vous saisissent et vous étendent sur le marbre, plaçant sous votre tête un petit coussin pour la soutenir. On est peu de temps dans cette situation sans éprouver une transpiration abondante; alors les deux barbiers vous frottent et vous compriment toutes les parties du corps en suivant la direction des muscles, ils font ensuite jouer chaque membre par des mouvemens de rotation qui sont d'abord pénibles, mais dont on ne tarde pas à sentir l'excellent résultat. Cette opération est un véritable supplice pour ceux qui l'éprouvent pour la première fois; mais on s'y accoutume facilement, et le bien réel qui en résulte me porte à croire que c'est le meilleur médecin du pays : rien ne procure au corps une fraîcheur plus salutaire et ne fait mieux circuler le sang.

Pendant que ces deux hommes sont à épuiser leurs forces sur le corps d'une personne, un troisième lui jette continuellement de l'eau chaude depuis les pieds jusqu'à la tête, ce qui contribue à assouplir les muscles et à diminuer les douleurs dont cette opération est accompagnée. Aussitôt qu'elle est terminée, ils s'arment d'un gant de crin avec lequel ils frottent le corps dans tous les sens; par ce moyen ils enlèvent des rouleaux considérables d'épiderme morte, dont le dégagement est d'autant plus essentiel à la santé, qu'il redonne un libre cours à la transpiration que ces peaux devaient obstruer. Ces barbiers persans ont une manière si adroite de les détacher sans escorier la peau, que d'un seul coup de main ils en enlèvent des morceaux longs de près d'un pied qui se roulent sous le gant comme du papier mouillé.

Comme c'est toujours aux bains qu'on se fait teindre la barbe et les cheveux, je décrirai ici la manière de le faire; elle est extrêmement simple, et loin d'avoir les funestes résultats des drogues que les charlatans de Londres et de Paris vendent au poids de l'or, elle est au contraire fort avantageuse à la chevelure, qu'elle fait croître et épaissir.

On se sert pour cela d'une poudre très-fine, provenant de la feuille de l'indigo séchée et pulvérisée. On la laisse infuser dans un peu d'eau jusqu'à ce qu'elle prenne la consistance d'une pâte liquide. Avant d'en faire usage, on commence à se bien laver les cheveux ou la barbe avec de l'eau de savon très-forte, afin d'en enlever les parties graisseuses produites par la transpiration; puis on jette sur la tête beaucoup d'eau chaude pour en ôter le savon, et on la ressuie autant que possible. On applique ensuite la pâte de manière à ce que tous les cheveux en soient imprégnés et couverts; alors les barbiers commencent l'opération du bain que je viens de décrire, laquelle, durant toujours une heure et demie ou deux heures, donne un temps plus que suffisant pour laisser prendre parfaitement la teinture (1). On enlève cette pâte de dessus la tête avec de l'eau chaude et un peigne fin pour détacher celle qui pourrait encore y rester.

Quand on l'emploie pour la première fois, on est souvent obligé de répéter l'opération deux jours de suite, pendant lesquels les cheveux paraissent un peu verts, mais ils deviennent ensuite du plus beau noir; et telle est

(1) Je ne sais d'où M. Olivier a tiré la composition dont il prétend que se servent les Persans pour teindre leurs cheveux. Pendant le long séjour que j'ai fait en Perse, je n'ai jamais vu employer une autre recette que celle dont je donne ici la description.

la force de cette teinture qu'on ne serait à la rigueur obligé de la renouveler qu'après six semaines ou tous les deux mois, surtout lorsque, avant d'employer la poudre d'indigo, on s'est servi de celle de henné qui rend d'abord les cheveux roux, mais dispense presque toujours de renouveler l'application, et donne au noir une couleur bien plus foncée.

Beaucoup de personnes, comme je l'ai dit plus haut, se barbouillent les mains et les pieds de couleur de rouille au moyen du henné réduit en poudre, qui a la propriété que j'ai décrite dans le chapitre IV. Quelques hommes s'en font teindre les cheveux et la barbe; mais ces extravagances sont rares, elles ne sont pratiquées que par les originaux du pays, qui a les siens aussi bien que le nôtre.

Les bains publics servent encore de rendez-vous aux individus de la moyenne classe. Les étrangers et les marchands s'y rassemblent aussi pour faire des connaissances, ou parler d'affaires. Tous y fument la pipe ou le cailliau, y prennent le café et passent ainsi quelques heures chaque jour, pendant lesquelles ils font ou apprennent quelques nouvelles qu'ils vont porter ailleurs.

Mais c'est particulièrement aux femmes

que ces lieux servent de point de ralliement; elles s'y font des visites; chaque niche a sa société, et elle est toujours pleine. C'est là qu'elles traitent de tout ce qui concerne les affaires de leurs familles, et comme il en est peu d'entre elles qui n'aient quelque sujet de jalousie, et conséquemment des motifs de se plaindre, on peut dire que ce lieu est un tribunal femelle présidé par les vieilles, qui décident en dernier ressort sur tous les délits de leur compétence. D'abord elles s'y font confidence entière de tout ce qui leur est survenu depuis leur dernière entrevue, racontent si leurs époux ont été plus ou moins tendres, s'ils ont marqué de la déférence à telle autre de leurs femmes ou de leurs esclaves. Les belles délaissées se vengent de leurs heureuses rivales par des portraits que le dépit a dicté, et dont la ressemblance est souvent loin d'etre exacte.

Après avoir épuisé ce sujet et s'être mutuellement consolées de leurs disgraces, elles s'informent des mariages projetés, ce qui donne occasion de faire une enquête sévère sur les malheureuses fiancées. Si j'en juge par des rapports qui m'ont paru sincères, on passe légèrement sur les bonnes qualités et l'on s'étend avec complaisance sur les défauts. Pour manier la médisance et la calomnie, les Persanes n'auraient rien à apprendre chez nous; et la charité musulmane est, à cet égard, au niveau de la charité chrétienne de nos plus déterminées commères.

CHAPITRE VI.

DES HAREMS, DES ÉPOUSES LÉGITIMES, DES ESCLAVES FEMELLES, DE LEURS OCCUPATIONS ET DE LEURS ÉTABLISSEMENS.

Les harems (1) sont des corps-de-logis séparés et entourés de murailles fort élevées, où habitent les femmes et les enfans; mais ce serait une erreur de conclure de là, comme se l'imaginent plusieurs personnes, qu'ils ressemblent à des prisons.

Les harems des riches peuvent être comparés à de vrais paradis terrestres, car outre qu'ils y possèdent un grand nombre de jolies femmes, qui toutes à l'envi s'empressent de leur plaire; ils y rassemblent tout ce que le luxe a de plus recherché en objets d'utilité et d'agrément.

(1) Ce mot signifie lieu sacré; mais on l'emploie pour indiquer l'ensemble des femmes qui l'habitent. « Il est parti avec son harem », veut dire que quelqu'un a emmené toutes ses femmes.

Ils sont séparés du corps-de-logis des hommes par de longues cours, et embellis pour l'ordinaire dans l'intérieur par de beaux jardins, ou, pour mieux dire, par des parterres remplis de fleurs, où les roses et les tulipes dominent, car on a un goût particulier, en Perse, pour ces dernières. Ces jardins sont ombragés par une grande quantité d'arbres fruitiers très-touffus qui donnent d'excellens fruits.

Les harems sont très-vastes et fort bien distribués. Chaque femme y a sa chambre particulière ; viennent ensuite le logement des enfans, presque toujours en grand nombre, celui des esclaves, les cuisines, la boulangerie, le garde-manger, les magasins, les salles de bains et chambres à coucher des maîtres, qui sont assez souvent les grands salons.

C'est dans les harems, et ce n'est réellement que là, que les Persans sont chez eux et libres. C'est là qu'au sein de leur famille ils quittent cette gravité qui les abandonne rarement dans les divan, où ils sont toujours armés de l'étiquette la plus sévère pour leurs inférieurs, et d'une réserve glaciale pour leurs égaux ; ce qui provient de la méfiance qu'ils ont toujours les uns des autres.

Quand les Persans n'ont pas chez eux d'hôtes de distinction, ils mangent dans les harems avec leurs femmes et leurs enfans, mais cependant servis seuls; et s'il leur arrive d'admettre quelqu'un à leurs plateaux, cet honneur n'est accordé qu'à la première de leurs femmes, qui a le titre de buguk kanun (grande dame). Ils ont, ainsi que les autres Orientaux, autant de femmes qu'ils en peuvent doter et entretenir (1), sans compter les jeunes esclaves qu'ils achètent et qui sortent de l'état apparent de servitude du moment qu'elles ont partagé le lit de leur maître; elles sont même admises au rang des femmes subalternes si elles sont assez heureuses pour leur donner des enfans.

Toutes les épouses légitimes ont entre elles un certain rang, et à commencer par la première, elles se portent toutes respect; elles sont même obligées de rendre quelques légers services à celles qui sont au-dessus d'elles, et que ces dernières ne manquent jamais d'exiger devant des étrangères, pour leur faire connaître

---

(1) Quoique, d'après le Koran, ils ne doivent à la rigueur en avoir que quatre légitimes.

le degré de considération dont elles jouissent parmi leurs compagnes.

Les esclaves sont toutes chargées de quelque besogne particulière pour le service du harem, outre leurs obligations à l'égard de chacune des maîtresses auxquelles elles sont attachées et qu'elles servent comme femmes de chambre, baigneuses, chanteuses et danseuses.

Celles qui ont du talent dans les deux derniers genres, sont quelquefois choisies pour donner ce divertissement au maître. Dans ces occasions elles ne manquent jamais de déployer toutes leurs grâces, et de mettre en usage les attitudes les plus susceptibles d'attirer ses regards, afin de faire sa conquête. Elles y parviennent assez souvent au grand désespoir de leurs maîtresses, qui sont pour la plupart du temps délaissées pour elles.

Les dames persanes sont fort ignorantes; l'usage est de ne leur rien enseigner, pas même à lire et encore moins à coudre; il est rare qu'on en trouve qui fassent exception à la règle.

Je serais fort embarrassé de parler de leurs occupations, et jusqu'à l'époque où elles deviennent mères, je ne leur en connais d'autres que la toilette, qui, quoique moins compliquée que celles de nos dames, leur prend néanmoins autant de temps. Elles passent ordinairement le reste de la journée assises sur de fort beaux tapis, devant des fenêtres sous lesquelles il y a des pièces d'eau. Elles y fument le cailliau, y prennent du café, font ou reçoivent des visites jusqu'à l'arrivée de la fraîcheur; elles profitent alors de ce moment pour aller se promener dans les jardins hors de la ville, où elles restent souvent jusqu'à nuit close. On a, en Europe, des idées très-fausses sur le degré de liberté dont jouissent les dames persanes; dans nul autre pays, à ma connaissance, elles ne sont plus maîtresses de leurs actions. Au surplus, lorsqu'elles sont mères, il en est peu qui en remplissent les devoirs avec plus de rigueur qu'elles; elles ne confient jamais à des étrangères le soin d'allaiter, de soigner et d'élever leurs enfans; ceux-ci restent entre leurs mains, et sous leur direction particulière, jusqu'à l'âge de onze à douze ans, époque à laquelle les garçons sortent du harem pour être circoncis, et les filles pour être mariées, données ou vendues.

Il est peu de pays où les enfans en bas âge

soient torturés comme en Perse, et cependant on en voit peu de contrefaits. Aussitôt qu'ils ont vu le jour, quel que soit leur sexe, ils sont plongés à plusieurs reprises dans de l'eau froide; on les enveloppe ensuite de langes avec lesquels on les comprime de manière à les étouffer, puis on les couche sur des berceaux qui n'ont ni matelas ni paillasses, mais dont les fonds sont faits de cuir tendu comme des peaux de tambour, au milieu desquels on pratique des trous, pour l'écoulement des urines. On les fixe dans ces berceaux par le moyen de sangles de coton, larges de huit pouces et longues de vingt-cinq à trente pieds, qu'on passe alternativement sur l'enfant et sous le berceau. Ils sont tellement serrés dans cet état, que je ne conçois pas comment un seul peut en réchapper. Le malheureux y reste cependant douze heures. Quand il crie on le berce, et la mère s'agenouille devant le berceau, qu'elle attire à elle pour donner le sein, restant dans cette position jusqu'à ce que l'enfant dorme, mais quoi qu'il arrive, il n'est débarrassé de ses liens que les matins et les soirs, et seulement le temps nécessaire pour le nettoyer et le changer de linge.

CHAPITRE VII.

DE LA CONSTRUCTION DES BATIMENS.

La bâtisse des villes orientales diffère beaucoup de celle des villes d'Europe; et c'est surtout en Perse que cette différence devient plus sensible par le manque de pierres.

Les villes persanes sont toutes à peu près bâties de la même manière, c'est-à-dire fort irrégulièrement, et sans ordre, chacun plaçant la façade de sa maison du côté qui lui convient, et la faisant de telle dimension qui lui plaît, sans que personne ait le droit d'y trouver à redire.

Les maisons sont bâties en briques séchées au soleil, et liées ensemble avec de la terre délayée, au lieu de mortier. Il y a cependant quelques riches particuliers qui font construire en briques cuites, et même en pierres jointes avec de la chaux; mais ce genre de bâtisse est fort rare et très-cher dans ce pays.

On bâtit en Perse avec une rapidité étonnante, car souvent on voit finir le soir une maison qu'on a vu commencer le matin; j'en excepte cependant les toits qui, étant faits en forme de terrasse, demandent un peu plus de temps pour être consolidés (1). Les maçons travaillent en cadence, et c'est en chantant qu'ils demandent les matériaux dont ils ont besoin.

Une grande partie des villages ont la figure de carrés parfaits, entourés de murailles de terre fort hautes, ayant aux quatre angles des tours rondes, percées, ainsi que les murs, de deux ou trois rangs de meurtrières. Un tel village, vu de loin, ressemble d'autant plus à une forteresse, qu'il y en a dont les murailles ont plus de cinquante pieds de hauteur.

C'est particulièrement près des frontières de la Turquie que les paysans se ferment de cette manière, pour se garder des Turcs, qui font assez souvent des incursions sur leur ter-

---

(1) Beaucoup de personnes, tant dans les villes que dans les villages, y passent les nuits pour avoir plus de fraîcheur. Ces terrasses, faites en terre calcaire battue, ont des rigoles aux angles pour l'écoulement des eaux, et sont entourées d'une balustrade d'environ deux pieds de haut.

ritoire, pour enlever les bestiaux et les récoltes.

Les villes sont fortifiées de la même manière et plus ou moins régulières, mais en général elles sont défendues par une grande quantité de tours, distantes d'une demi-portée de fusil les unes des autres, et assez souvent entourées de fossés larges et profonds.

Il n'existe dans toute la Perse que deux villes fortifiées d'après le système européen, ce sont Khoï et Abas-Abad; il est impossible de trouver rien de plus mauvais. Tout ce qu'on y a fait consiste en de méchantes courtines, flanquées par des bastions si étranglés, et d'un saillant si aigu, qu'on aurait de la peine à manœuvrer deux pièces de canons sur leur terre-plain. Ajoutez à cela que le tout est sans revêtemens, à une toise près, sans chemin couvert, ni glacis, ni palissades. Ce que l'on a bien voulu décorer du nom de contrescarpe n'est d'aucune défense, et l'on n'aurait pas plus de peine à la descendre que les degrés un peu élevés d'un escalier. Ces mauvais ouvrages ont été construits par un officier anglais, soi-disant ingénieur, qui était au service de la compagnie des Indes. Peut-être fut-il, faute d'autres, considéré comme le Vauban de l'Asie.

Les maisons, dans les villes, sont entourées de murs assez élevés pour cacher totalement les façades, qu'on éloigne toujours beaucoup des rues et qu'on place dans le fond de grandes cours qui les en séparent. On y entre par de petites portes qui ressemblent assez à des guichets de prison. Comme ce sont les seules ouvertures qui se présentent aux yeux, un étranger qui entre pour la première fois dans une ville persane ne sait trop où il se trouve, ne voyant ni édifices, ni façades, mais seulement de hautes et tristes murailles qui forment le tracé des rues.

Les maisons sont toutes bâties d'une manière élégante, et la distribution des appartemens est assez régulière. Elles sont composées de plusieurs chambres et d'une grande salle au centre, qu'on nomme Divan. C'est là que tous les matins les personnes de qualité reçoivent leur clientelle. Cette pièce étant toujours située entre une cour et un jardin, et souvent même entre deux jardins, elle a sur chacun d'eux une large fenêtre, qui va du parquet au plafond, et faite de petites pièces de bois arrangées avec assez d'art en forme de guirlandes et de festons. Les nobles et les riches les garnissent de verres de différentes couleurs; mais comme c'est un objet fort rare et très-cher dans ce pays, la classe ordinaire le garnissent avec du papier huilé, qui suffit pour maintenir la chaleur pendant les autres saisons.

Les Persans sont grands amateurs de l'eau, aussi est-il peu de maisons qui n'aient devant leurs fenêtres de larges bassins de marbre blanc ou d'albâtre du milieu desquels jaillissent de jolies fontaines ou jets dont le bruit charme leurs oreilles, quand ils s'abandonnent à la contemplation. Un Persan peut rester depuis le matin jusqu'au soir, assis sur les talons, près d'une fenêtre, à regarder le jet d'eau qui est au-dessous de lui, et sans faire d'autre mouvement que celui qui est nécessaire pour faire couler les grains d'un chapelet d'une main dans l'autre.

Les maisons ont, comme je l'ai dit, d'autres appartemens qui consistent en des chambres hautes et basses, construites d'une manière régulière et qu'on nomme balakoua. Elles ont de plus des espèces de caves voûtées pour préserver le rez-de-chaussée de l'humidité, et où l'on renferme le bois à brûler et les ustensiles de campagne.

Dans les premières cours, il y a des corps-de-logis latéraux qui renferment d'un côté des chambres pour les étrangers de classe médiocre, et les derviches; de l'autre, les écuries, les magasins à paille et à orge, et des chenils pour les chiens de chasse.

Les harems sont ordinairement construits comme les divans, mais ils sont plus vastes et ont plus de logement. Ils ont aussi de petits corps-de-logis séparés, comme je l'ai dit ailleurs, pour les cuisines, les bains, etc., etc.

Les grandes salles des harems sont destinées au maître, car c'est là qu'il mange, et souvent qu'il couche. C'est aussi le lieu de réunion de toutes ses femmes, qui s'y rendent aussitôt qu'il y est entré; il y veille ordinairement fort tard, et il désigne par un simple coup d'œil celle de ses femmes ou de ses esclaves qui doit passer la nuit avec lui; aussitôt toutes les autres se retirent dans leurs chambres respectives, non sans emporter un violent sentiment de jalousie.

Les Persans couchent à terre; leurs lits n'étant pas permanens comme les nôtres, sont posés tous les soirs, enlevés tous les matins, et déposés dans des cabinets où ils restent tout le jour. Ils se composent, suivant le rang ou

BIBLIOTHÈQUE ROYALE

la fortune des individus, d'une courte-pointe d'indienne ouatée en coton, d'un énorme traversin et d'un petit oreiller d'à-peu-près un pied carré pour chaque personne.

CHAPITRE VIII.

DES CARAVANSERAIS.

J'AI dit plus haut qu'on ne voyait aucun édifice important dans les villes de Perse, en effet, à quelques mosquées près, qui ressemblent assez par leur délabrement à de mauvais cabarets, il n'y a pas d'autres établissemens publics que les caravanserais et les bazars. Quant aux minarets des mosquées, du haut desquels la vue plongeait autrefois dans les harems du voisinage, ils n'ont pu être détruits que par l'effet de cette jalousie si profondément gravée dans le cœur des Persans.

Les caravanserais sont de vastes bâtimens carrés, renfermant une grande quantité de boutiques, où les commerçans étrangers viennent déposer leurs marchandises; et où, moyennant un certain droit payé aux darogas (chefs de police), ils peuvent les débiter. Ces lieux ont de plus des chambres hautes, des magasins à l'usage des voyageurs, des écuries pour les chevaux, et de grands hangars pour abriter les chameaux. Ils sont situés dans l'enceinte des bazars, desquels ils font partie, et sont d'un grand rapport, car il y en a qui rendent annuellement trois milles tomans (1). Les nobles et les riches en achètent ou en font construire, quand ils peuvent en obtenir la permission et un local propice, ne pouvant placer leur argent à meilleur intérêt. Ils y mettent quelques-uns de leurs esclaves en qualité d'intendans, et ceux-ci sont comptables envers eux des recettes, qu'ils ne leur rendent cependant pas avec trop de fidélité. Ces lieux sont les points de contact des individus de toutes les nations, mais particulièrement d'une grande quantité de juifs, qui sont là ce qu'ils sont partout ailleurs.

Les caravanserais forains sont très-différens de ceux des villes, tant par leur construction que par leur usage. Ce n'est pour l'ordinaire qu'un rang d'écuries qui fait le tour de la partie basse de ces bâtimens, ayant au-dessus quelques chambres et niches sans portes ni

(1) Un toman vaut vingt livres tournois.

fenêtres, qui ne servent plus guère qu'à abriter les chameliers des caravanes, qui s'y réfugient pendant les nuits d'hiver et des saisons pluvieuses. Ces édifices sont pour la plupart très-vieux, délabrés, sans gardiens, et servent assez souvent de retraite aux brigands.

Schah-Abas-le-Grand en avait fait construire de fort beaux sur tous les points de la Perse; ils furent pendant son règne, et même encore au commencement des guerres civiles, assez bien entretenus; mais depuis ce temps ils sont presque tous tombés en ruine; et comme on néglige beaucoup les réparations en Perse, il est à présumer que dans quelques années il n'en restera plus de vestiges.

Cependant quelques individus riches et dévots en font construire quelques-uns de temps à autre dans les lieux déserts et d'un passage fréquenté. Mais ceux-là même ne subsisteront pas long-temps, puisqu'ils sont abandonnés à quiconque veut y entrer, et qu'ils n'ont également pas de gardiens. Aussi est-il rare de voir aujourd'hui des voyageurs un peu distingués s'arrêter dans les caravanserais; chacun porte en voyage tout ce qui lui est nécessaire pour traverser commodément les pays inhabités; cela arrive surtout quand on entreprend quelques pélerinages de long cours, comme celui de la Mecque, par exemple, pendant lequel on ne profite pas des ressources qu'offre le gibier, parce que la chasse est interdite en allant et en revenant.

Les caravanserais étaient et sont encore pour la plupart de petites citadelles flanquées de tours percées de créneaux, et souvent couronnées de machicoulis. Les voyageurs étaient souvent obligés d'y soutenir de petits siéges, surtout pendant les guerres civiles, époque à laquelle la Perse était infestée de bandits qui couraient indistinctement sur tout le monde. Ces incursions ont encore lieu aujourd'hui par les Curdes, le long des frontières, et notamment en Arménie, où ils cherchent souvent à surprendre des villages, et où ils attaquent quelquefois à force ouverte le célèbre couvent d'Utchmiacin, dont l'église est bâtie depuis plus de quinze cent soixante ans (1).

(1) Un moine de ce couvent, que j'ai rencontré depuis à St.-Pétersbourg, m'a donné pour certain que sa fondation datait de l'année 307 de notre ère, sous le pontificat de Grégoire-le-Grand; mais c'est un anachronisme, puisque ce pape est mort en 604. C'est sans doute à cette dernière époque que cet édifice a été

Les richesses immenses que renferme ce couvent attirent ces hordes de barbares qui voudraient en faire leur proie; mais ils sont pourtant toujours repoussés avec courage par les moines qui, dans ce cas, font tous le coup de fusil du haut de leurs murailles, qui sont crénelées comme celles d'une forteresse. Le service s'y fait régulièrement, de peur de surprise, ce qui n'est pas au reste très-fatigant pour eux, car outre qu'ils sont plus de cent pères dans le couvent, et trois fois autant de novices, domestiques et étrangers, ils sont encore, en cas de danger, secourus par les habitans d'un village qui leur appartient, et qui n'en est éloigné que d'une portée de pistolet.

---

définitivement achevé. Ses épaisses murailles, composées d'immenses blocs d'un granit noirâtre et dont on aperçoit à peine les joints, semblent défier la faux du temps. Le dôme de l'église est beaucoup plus moderne, ainsi que les deux tourelles qui sont au-dessus de la façade.

CHAPITRE IX.

DES BAZARS.

Les villes, bourgs et les villages un peu considérables ont des bazars ou marchés. Ce sont des bâtimens ordinairement situés dans le centre des villes, où se trouvent réunis tous les marchands et tous les artisans. Ces bazars sont faits en forme de grands corridors à peu près semblables à ceux des dortoirs d'un cloître, mais plus larges, et ayant de chaque côté de petites boutiques basses et de peu de capacité, que l'on ouvre à sept heures du matin, et qu'on ferme au coucher du soleil.

Chaque corridor est destiné à une seule espèce de marchandise, ou bien à des artisans d'une même profession, et l'on sait toujours où l'on doit se porter, d'après la nature de ses besoins.

Les bazars sont sous la police et juridiction des darogas, qui en tyrannisent les marchands et qui commettent toutes sortes d'exactions avec impunité; on peut juger du rapport de cet emploi par le prix qu'on peut y mettre. J'ai vu à Ouroumea un particulier de cette ville offrir dix mille tomans pour en être revêtu. Chaque corridor a de plus trois ou quatre alguazils subalternes qui ne manquent pas de se faire redouter, à l'exemple de leurs patrons, si l'on ne capitule avec eux. Il n'est pas un de ces misérables qui n'ait le talent d'extorquer quelque chose de chacune des boutiques ou ateliers de son arrondissement, contribution qu'on se garde bien de refuser, de peur d'être accusé par eux soit d'avoir vendu avec de faux poids, soit d'avoir ouvert ou fermé sa boutique trop tôt ou trop tard; délits pour lesquels on encourt une punition corporelle et une amende.

Les bazars sont, à peu près comme les caravanserais, la propriété d'individus riches qui les font construire pour en obtenir des revenus considérables.

Les beglierbeys les possèdent presque tous dans leurs provinces respectives, et comme personne ne peut contrôler leurs actions, ils en tirent des sommes exorbitantes, au risque de dégoûter les habitans de toute espèce de trafic;

ils ont, outre cela, le droit de les faire ouvrir et fermer lorsque bon leur semble : autre genre de tyrannie dont ils savent fort bien profiter, pour faire éprouver de nouvelles persécutions aux malheureux marchands et artisans. Ils profitent, à cet effet, de toutes les mauvaises nouvelles vraies ou fausses, telles que la perte d'une bataille, la mort d'un grand, pour les faire fermer. Il en est de même au moindre mécontentement qu'ils éprouvent, car ils savent qu'on viendra leur en demander les clefs avec des présens à la main.

Personne ne peut coucher dans ces boutiques, car du moment qu'elles sont fermées, elles sont sous la garde immédiate des darogas, qui font faire des patrouilles de nuit dans toutes les parties des bazars, par leurs estafiers (1). Tous les individus qu'on y rencontre passé neuf heures sont arrêtés. S'ils ne sont pas connus, ils reçoivent la bâtonnade ; si on leur suppose de mauvaises intentions, on leur coupe le nez ou les oreilles ; mais s'il sont

(1) Ce sont des espèces de lieutenans des darogas, que l'on nomme Mir-açâs, chargés immédiatement de la surveillance des bazars pendant la nuit.

volé, ils sont aussitôt mis à mort, et leurs têtes roulent devant le palais du gouverneur, pour servir d'exemple à quiconque voudrait les imiter.

Chaque corridor a deux espèces de doyens particuliers, et c'est seulement à eux que les darogas ont affaire quand il s'agit de recueillir le tribut d'argent que chaque métier ou chaque branche de commerce doit payer pour le compte du prince ou du beglierbey. Ce sont ordinairement les plus anciens et les plus honnêtes d'entre eux qu'ils choisissent. Ces hommes doivent tenir note des sommes que chacun de leurs coadministrés ont payées; et ceux qui ont quelques réclamations à faire, les font passer par leur organe au gouvernement ou même au prince, si le cas exige qu'elles lui soient soumises.

La taxe des comestibles, la vérification des poids, font aussi partie des nombreuses attributions des darogas, qui mettent une telle rigueur à la stricte exécution des règlemens, qu'on peut les considérer comme infiniment supérieurs aux nôtres pour cette branche de police qui est fort souvent négligée en Europe.

Bien que tous les objets de première nécessité soient taxés, on ne peut cependant considérer comme l'étant réellement, que le pain, la viande et le sel; si un débitant avait la témérité de dépasser la taxe d'un de ces trois articles, il le payerait sur-le-champ de sa tête; il en serait de même de quiconque aurait des poids altérés, fût-ce de la plus petite chose, ou des balances qui ne seraient pas justes : un boulanger d'Ourouméa eut le nez coupé en ma présence, parce que ses poids se trouvèrent altérés; et le daroga lui dit que c'était à mon intervention qu'il devait d'en être quitte à si bon marché. Cette rigueur est d'autant plus utile dans le pays que tout s'y vend au poids, même le bois et les fruits.

Les bazars sont les lieux où les marchands étrangers et les oisifs se rassemblent le matin. Comme les rayons du soleil n'y pénètrent pas, la promenade en est très-fraîche en été et assez chaude en hiver. Les dames y viennent aussi quelquefois, soit pour y faire des emplètes, soit pour y rencontrer quelques amies; mais les femmes du peuple y fourmillent et y restent souvent du matin au soir. Elles parcourent toutes les boutiques pour apprendre des nouvelles dont le débit leur donne un grand relief chez les curieuses du grand monde, dont elles

: sont souvent que les émissaires. J'ai eu fré-
ıemment l'occasion de m'étonner de l'intaris-
.ble babil de ces femmes, que je retrouvais
ı bout de trois heures si échauffées de leur
›nversation et dans un tel flux de paroles,
u'à peine faisaient-elles attention aux cris
;pétés de *kabarder!* (garde-à-vous) que
›nt entendre les domestiques qui devancent
eurs maîtres en traversant ces sortes d'allées
›ù la foule est sans cesse renouvelée.

Les femmes persanes ont un talent parti-
:ulier pour se reconnaître de fort loin, bien
ıu'elles soient voilées depuis la tête jusqu'aux
pieds; et, ce qu'il y a de singulier, c'est qu'en
s'accostant, elles sont certaines de ne jamais
se méprendre, tandis que les hommes passent
fort souvent près de leurs propres femmes,
sans les reconnaître.

CHAPITRE X.

DE LA CUISINE, DES METS ET DES BOISSONS DES PERSANS.

La cuisine des Persans n'est pas à dédaigner, et me semble de beaucoup préférable à celle des Italiens et des Espagnols. Il y a, comme chez quelques nations européennes, un plat national qui fait le fond et quelquefois la totalité de leurs repas : c'est le pillaw, qui n'est autre chose que du ris arrosé de beurre, cuit avec beaucoup d'art, de précaution, et tellement difficile à préparer, que les Persans conviennent eux-mêmes que sur cent cuisiniers, on en rencontre à peine deux en état de le faire parfaitement. Il y en a de plusieurs sortes, et il est assez commun chez les grands d'en voir servir de cinq ou six espèces à la fois dans un repas. On l'accommode aux raisins, aux groseilles, aux pepins de grenades, aux pistaches, aux amandes, au safran, aux herbes, aux pois, aux coings, à la canelle, à la vanille, etc. etc. Ils mangent rarement de la soupe, mais ils font usage d'un bouillon fait avec du mouton et des poulets, qu'ils nomment schorba, et je puis dire avec vérité que j'en ai rarement pris de meilleur en Europe. Leurs autres mets se composent ordinairement de ragoûts d'agneau, de mouton, ou de volaille, cuits avec des fruits secs; d'omelettes, de pâtisserie et de rôtis de différentes sortes. Ces derniers consistent, chez eux, en de petits morceaux de viande qu'ils assaisonnent à cru et qu'ils font rotir avec des brochettes; on les nomme kiabab, et ils en sont très-friands, surtout de ceux de gibier, tels que cerf, chevreuil, antilope, etc.

Ils ne mangent jamais de bœuf et fort peu de veau; et comme les chrétiens seuls font usage de ces deux sortes de viande, il est difficile de s'en procurer. Les perdrix et les faisans y sont fort communs et couvrent journellement la table des grands; ils détestent les lièvres, qu'ils regardent comme impurs, et méprisent les légumes, malgré que je connaisse peu de pays au monde où ils croissent aussi beaux (1). Ils s'abstiennent de viande

(1) Mirza-Abul-Hasseim-Khan fut, pendant sa pre-

à leur déjeuner qui est très-simple, et se composent de crême épaisse fort douce, qu'on nomme gaimack; on leur sert quelquefois des œufs cuits sur le plat, mais toujours du mostola, qui est une espèce de lait caillé aigre, dont on fait une immense consommation dans toute l'Asie; ils y mettent souvent du miel pour l'adoucir, ce qui, à mon avis, ne le rend pas meilleur.

Les Persans mangent en général beaucoup de fruits, qui sont d'une grande beauté dans leur pays et viennent si dru que les arbres rompent sous le poids; ils aiment beaucoup les melons, et particulièrement les pastèques qu'ils nomment karpouz; ils en mangent beaucoup sans s'incommoder, ce qui est surprenant à cause de la nature fiévreuse de ces fruits. Cependant les médecins les ordonnent comme calmans dans les fièvres inflammatoires, et j'en

mière ambassade en Angleterre, invité à dîner chez un grand personnage qui, ayant eu beaucoup de peine à se procurer des asperges, puisque c'était au cœur de l'hiver, crut causer une surprise agréable à son convive. Mais le khan tout confus lui demanda d'un air mécontent, s'il le prenait pour un cheval de lui présenter de l'herbe à manger.

ai vu moi-même d'excellens résultats. Les raisins y viennent d'une beauté rare, et outre qu'ils y ont une saveur toute particulière, et que je ne leur ai trouvée dans aucun autre pays, ils y acquièrent une maturité étonnante : il y en a de plusieurs espèces, et à Tébris, on en compte de trente-deux sortes, parmi lesquelles il y en a quatre qui sont sans pepins.

Les Persans aiment beaucoup les concombres, mais sans assaisonnement, et ils mordent dedans comme nous ferions dans une pomme ou une poire.

Ils ne boivent en mangeant que des scheurbest. Ce sont des espèces de syrops aromatisés faits avec des fruits et des essences; il y en a aux fraises, aux framboises, aux ananas, au limon, à la canelle, à la rose, au jasmin, etc. La classe moyenne à qui la fortune ne permet pas ces boissons, fait usage d'eau sucrée ou simplement miellée, à laquelle on ajoute du vinaigre, et cette boisson se nomme sirkie Schirasi (vinaigre de Chiras). Il n'est peut-être pas de pays au monde où l'on boive à la glace autant qu'en Perse; ce luxe y semble même indispensable, car les grands en font venir aux camps de plus de soixante lieues; voyageant à cheval sous un soleil brûlant, leurs esclaves ont toujours de grandes bouteilles de plomb remplies d'eau gelée, qu'ils portent dans des besaces de crin suspendues à la selle des chevaux.

Les chaleurs étouffantes de certaines parties de la Perse justifient suffisamment ce luxe : il faut y boire frais ou éprouver des maladies graves, dont on ne guérit qu'en buvant à la glace. Au reste, ce remède est commun dans les pays chauds; je l'ai vu employer avec succès en Italie, en Espagne et même aux Antilles. Là, de même que dans les parties de la Perse qui manquent de glace et de neige, on rafraîchit l'eau par le même procédé. On emplit aux deux tiers une cruche faite d'une terre poreuse, qu'on enveloppe d'un linge mouillé et plié en plusieurs doubles ; on l'expose à un courant d'air, et en peu de temps la température de l'eau tombe au-dessous de celle de l'atmosphère ambiant.

Dans le midi de la Perse, où l'on ne peut se procurer de la glace, on se sert de neige que l'on va chercher sur le sommet des montagnes qui en sont toujours couvertes. Le pic Démavend faisant partie du mont Albours, qui est près de Téhéran, en procure toute l'année à cette ville, ainsi qu'à la province qui en dépend. Cette montagne est excessivement haute; elle est faite en forme de pain de sucre, et on la voit de tous côtés à la distance de trente lieues. Son sommet est sans cesse couvert de neige, et ce n'est pas sans peine que l'on y parvient pour s'en procurer; cette montagne, située à cinq pharsanges nord-est de Téhéran, sert de point de vue et repose les yeux des voyageurs fatigués du spectacle désagréable qu'offrent les environs de cette triste capitale, assise dans une plaine extrêmement aride.

CHAPITRE XI.

DES FESTINS ET DE LA MANIÈRE DE MANGER DES PERSANS.

Les Persans sont très-hospitaliers, et comme ils aiment beaucoup l'ostentation, ils traitent fort souvent leurs amis et toujours d'une manière somptueuse.

Quand un grand donne un festin, il invite non-seulement le maître, mais aussi tous les valets, et en un mot toute la maison; il appelle aussi une grande partie de ses connaissances, pour faire plus d'honneur à son hôte, et il n'est complètement satisfait que quand la salle à manger est entièrement remplie. D'ailleurs la fête ne consiste pas à donner un repas, mais encore à amuser ses convives pendant toute la journée.

Ces salles à manger sont les mêmes que les divans: c'est une espèce de carré-long, autour duquel chacun s'asseoit à terre sur des tapis de feutre larges de trois pieds, et épais de trois ou quatre lignes, de manière que, réunie, la

Lith. de l'Abott.

Persan fumant la Cailliane.

BR

société forme un fer à cheval, à une des extrémités duquel se place le maître, d'où il voit tout ce qui se passe parmi ses convives.

La manière de s'asseoir des Persans diffère beaucoup de celle des Turcs, et c'est encore une des choses qui font voir que l'habitude est une seconde nature. Je pose en fait que celui qui ne commencerait qu'à vingt ans à prendre la position d'un Persan assis, loin de s'y accoutumer, la garderait à peine une demi-heure, tandis qu'ils n'en connaissent pas de plus agréable, et que souvent ils la conservent la journée entière. Pendant trois ans, je me suis essayé à me faire à cette posture incommode, sans pouvoir la garder plus de cinq minutes ; aussi le prince royal avait la bonté de m'en dispenser, ce qui est d'autant plus remarquable, que montrer ses pieds est une très-grande impolitesse, et j'y étais contraint en m'asseyant à terre.

Les Turcs s'asseoient à terre en croissant les jambes comme nos tailleurs, position dont on prend l'habitude sans beaucoup de difficultés, tandis que les Persans s'asseoient également à terre, mais sur les talons, et leur manière de le faire en entrant dans une société est assez curieuse pour que j'en dise un mot.

Quand un d'eux entre dans une assemblée, quelque nombreuse et distinguée qu'elle soit, s'il a le droit de s'y asseoir, il voit de suite la place que son rang lui assigne, et se garde bien d'en aller chercher une autre; de la porte, où il laisse ses mules, il entre sans regarder personne, sans saluer, et surtout sans dire un mot; il gagne sa place, joint les deux pieds en se redressant comme par un temps d'exercice, croise sa robe ou sa tunique, se laisse tomber sur les genoux, puis s'asseoit sur les talons; c'est alors seulement qu'il lève les yeux et commence à s'occuper de la société, en portant la main droite sur la poitrine et prononçant en même temps le salam-alekoum avec beaucoup de gravité; il fait ensuite à droite et à gauche de profondes inclinations de tête, auxquelles le corps n'a aucune part. Chacun lui rend son salut de la même manière, et y répond par un alekoum-salam qui fait la conclusion de la cérémonie. Le maître de la maison accueille à son tour les convives par les mots koch-guialdy (soyez le bien venu).

A l'heure du dîner, on étend autour de la chambre et devant les convives de grandes nappes de toile peinte des Indes, puis cinq ou six domestiques apportent des cruches et des aiguières couvertes de grils, le tout en cuivre étamé. Chacun reçoit de l'eau sur la main droite et l'essuie avec son mouchoir. On présente ensuite au maître, puis à tous les convives, de deux en deux, d'énormes plateaux (1) chargés de sucreries, de biscuits, de frangipanes, de dragées et de fruits, auxquels chacun touche plutôt par civilité que par goût. Ce service n'étant qu'un objet de luxe et d'ostentation, à un signal il est enlevé par les domestiques qui, moins délicats que leurs patrons, l'ont bientôt fait disparaître. On le remplace aussitôt par le dîner qu'on sert de la manière suivante.

Les domestiques apportent d'abord le pain qui consiste en de grandes galettes larges d'un pied, longues de deux, et de deux ou trois lignes d'épaisseur, que l'on nomme téheurague; elles servent seulement d'assiettes; l'on y recueille les grains de pillaw qui s'échappent des mains quand on le porte à la bouche; on sert ensuite les plateaux de deux en deux, comme pour les sucreries; ils con-

---

(1) Les personnes riches les ont d'argent massif; mais les autres les ont de cuivre argenté ou seulement étamé. Il y en a de deux pieds et demi de diamètre.

tiennent cette fois les plats de pillaw et les boissons; quand ils sont tous servis, le maître donne le signal de commencer par les mots Bism-Allha (avec l'aide de Dieu). Les domestiques continuent de servir de nouveaux plats, en réservant les derniers pour les rôtis ou kiababs.

On sert à part, pour exciter l'appétit, des raisins, des cornichons, des radis, des amandes et même du sel que chacun prend avec le bout du pouce légèrement humecté de salive.

Pendant le dîner, le maître de la maison régale ordinairement ses convives de musique et quelquefois de danses, sinon le plus grand silence règne pendant le repas.

Les Persans mangent avec la main droite, ne connaissant pas l'usage des cuillers, couteaux ni fourchettes; ils dépècent très-adroitement avec cette seule main toutes leurs viandes, qui d'ailleurs sont toujours cuites de manière à céder à la moindre pression des doigts (1).

---

(1) Quand le maître de la maison veut faire une politesse recherchée à un de ses convives, il détache un morceau de poulet ou de viande, le met dans du riz, en fait une boulette, et l'offre de cette manière, ce qui n'est pas très-appétissant pour un Européen. Il

Lith. de C. Motte

Repas persan.

B.R.

La main gauche, qu'ils emploient sans intermède à un autre usage, ne se montre jamais à table, et ce serait une grossièreté impardonnable de toucher avec elle aucune des choses qui se mangent; ils se gardent donc bien de la faire voir pendant tout le repas, et la tiennent enveloppée dans un pli de leur robe, dessous le bras droit.

Leur manière de manger doit nous paraître non-seulement incommode, mais aussi très-fatigante, car il ne faut rien moins, comme je l'ai dit plus haut, qu'une longue habitude pour pouvoir résister à cette singulière position. Qu'on se figure un homme à genoux, plié en Z, assis sur ses talons, la tête penchée en avant de manière à ce que la bouche soit à un pied et demi de terre, et l'on aura l'idée d'un Persan à table.

On ne connaît pas non plus en Perse l'usage des verres pour les boissons: on les sert à table dans des bocaux près desquels on met de grandes cuillers de bois fort minces et très-artistement faites, dont les manches sont longs d'environ dix-huit pouces; chaque bo-

---

serait cependant très-malhonnête de refuser une faveur aussi distinguée.

cal a la sienne, et elles servent à puiser et à boire; il y en a de différentes capacités; mais celles dont on se sert ordinairement tiennent un bon verre de table, quoiqu'il y en ait aussi qui contiennent le double.

Lorsqu'on a fini de dîner, ce qui dure rarement une heure, on enlève les plateaux de la manière qu'on les a apportés, puis les nappes que l'on a grand soin de rouler fort adroitement pour qu'il ne tombe rien sur les tapis. Les domestiques viennent ensuite avec les cruches et les aiguières pleines cette fois d'eau tiède. Chaque convive lave sa main droite, sans y porter la gauche, rince sa bouche, lave aussi sa barbe, et s'essuie comme précédemment avec son mouchoir, souvent assez sale (1), après quoi on sert le café et les cailliaux.

---

(1) Les grands seigneurs persans se montrent assez indifférens sur certains objets de propreté, et ils portent ces mêmes mouchoirs jusqu'à ce qu'ils soient d'une saleté et d'une puanteur repoussantes. Je le fis un jour remarquer à l'un d'eux; c'était, suivant lui, la faute de son valet de chambre qui avait oublié de lui en donner un autre; cependant un mois après je m'aperçus qu'il n'en avait pas changé.

CHAPITRE XII.

DU CAFÉ ET DU CAILLIAU.

Le café est, en Perse comme en Turquie, une espèce de boue, qu'on mange pour ainsi dire plutôt qu'on ne la boit. La raison en est que les Orientaux, au lieu de le moudre, le pilent aussi fin que le tabac d'Espagne; ils le font cuire de la même manière que nous; mais au lieu de le laisser reposer pour le prendre, ils secouent au contraire fortement la cafetière pour en bien mêler le marc, de manière que quand on le verse, il ressemble assez à du chocolat très-épais; on le prend sans sucre, dans de petites tasses de Chine sans soucoupes, auxquelles on supplée par d'autres petites tasses en argent dans lesquelles on met les premières pour ne pas se brûler.

Il est difficile de se faire une idée de la gravité des Orientaux pendant qu'ils prennent leur café. Tant que dure cette cérémonie, quelquefois dix minutes, bien que les tasses soient petites, il règne un silence profond, et l'on n'entend autre chose dans la salle que le bruit des lèvres qui hument de temps à autre de petites gorgées, savourées avec volupté pendant quelques secondes.

Il est de la politesse de se régler sur la personne la plus distinguée de la société, et de ne jamais vider sa tasse, ni la rendre avant qu'elle n'ait remis la sienne.

Le goût des Persans pour le café va jusqu'à la fureur, et je ne crois pas qu'il y ait un seul individu dans ce pays qui n'en prenne plusieurs fois par jour, ce qui est d'autant plus facile qu'il est à fort bon marché.

Les personnes aisées qui en voyage ne peuvent en prendre aussi souvent qu'elles le désireraient, en portent de bien pilé et bien bourré, dans des espèces de tabatières : on y ajoute un peu de miel fin pour le mieux broyer, ce qui en fait une sorte de confiture qui n'est pas désagréable. Elles le détachent avec de petites cuillers et le mangent comme du chocolat; plusieurs y ajoutent une dose d'opium, mais alors on en prend moins que quand il est pur.

Il est en Perse une passion qui non-seulement surpasse beaucoup celle du café, mais qui peut être même considérée comme un besoin : c'est celle du cailliau, espèce de pipe dont tout le monde fait usage ; elle se compose de plusieurs pièces, d'abord de la tête et du corps de la pipe, de la carafe et des tuyaux ; la tête est faite comme une poire dont on aurait coupé la partie inférieure de manière à la rendre plate ; elle est creuse, garnie en dedans de terre calcaire cuite, et percée du haut en bas : on la remplit aux deux tiers avec des morceaux de charbon, puis on l'adapte sur un tube droit qui est fixé sur une carafe, et dont l'extrémité inférieure descend jusqu'à deux pouces du fond de cette bouteille ; sa gorge a un trou latéral destiné à recevoir un tuyau pour fumer, lequel est fermé hermétiquement par un tampon de bois placé au milieu du tube.

Voici comme on s'y prend pour charger le cailliau : après avoir mis dans la bouteille une certaine quantité d'eau souvent odoriférante, on s'assure s'il y en a trop en aspirant, ce qui produit dans ce cas l'effet de la pompe et fait monter l'eau jusqu'à la bouche ; on la diminue jusqu'à ce qu'on n'en obtienne plus que de l'air ; alors on emplit la tête de tabac, que l'on couvre de charbons ardens, maintenus par un couvercle mobile fait en forme de cône, puis on la pose sur le tube droit dont j'ai parlé plus haut, et il est prêt à être fumé.

Les grands seigneurs n'allument jamais le cailliau eux-mêmes; ils ont toujours devant eux un grand tuyau élastique, avec un bout de cristal que le domestique y adapte, après l'avoir allumé, avec un autre de bois, qu'on y attache de nouveau quand on l'offre à quelques convives, celui de cuir ne servant jamais qu'au maître.

Le cailliau est pour un Persan l'objet d'un grand luxe et d'une grande dépense. Son entretien exige un homme uniquement destiné à le porter, le nettoyer et le charger; cet homme, qu'on nomme Pich-Kadmet, suit son maître à cheval; il porte toutes les pièces du cailliau dans deux espèces de fontes attachées à l'arçon de sa selle, d'un côté la carafe et les tuyaux, et de l'autre la tête, les pincettes et le tabac; il est de plus muni d'une grande bouteille remplie d'eau pour pouvoir en changer chaque fois, et d'un réchaud dont le feu est entretenu avec de petits morceaux de bois dont le même homme a fait provision. Ces deux objets sont suspendus par des chaînes en fer que l'on attache derrière la selle, et

ui pendent à droite et à gauche dans les in-
ervalles des jambes de devant et de derrière
u cheval.

Le tabac qu'on fume dans les cailliaux n'est
as le même que celui dont on se sert dans
es pipes; le meilleur, celui que les grands
mploient de préférence, est de Chiras; et
ien qu'il soit doux, on le lave cependant
rois ou quatre fois avant de s'en servir; et
omme on ne le met jamais que mouillé sur
e cailliau, ce n'est souvent qu'avec beaucoup
le peine qu'on parvient à le faire brûler.

Les femmes en Perse le fument aussi beaucoup, et quand elles se font visite, c'est après
le café la première chose qu'elles s'empressent
d'offrir.

La manière de le fumer est à peu-près
semblable à celle que les Turcs emploient
pour la pipe; c'est-à-dire qu'ils en aspirent
la fumée dans les poumons; mais comme celle
du cailliau est infiniment plus douce et plus
agréable, on l'y conserve jusqu'à ce qu'elle
procure une sensation qui tient du spasme, et
alors seulement on l'expectore.

Les Persans mettent dans tout cela beaucoup de gravité, et avec la main ils conduisent
la fumée sur leur barbe pour la parfumer.

Il y a aussi une étiquette sévère à l'égard du cailliau, dont on ne saurait jamais s'écarter quand on connaît les usages; elle consiste à offrir le sien à la personne la plus distinguée de la compagnie, qui vous fait un grand honneur en l'acceptant et en fumant quelques gorgées; ce serait aussi une grande incivilité de demander son cailliau avant que le maître de la maison eût donné l'ordre d'apporter les siens. Il commence à en fumer un, vous l'offre ensuite, et souvent le cailliau passe ainsi de main en main jusqu'à l'extrémité de la salle, chacun n'y fumant que très-peu. On peut le refuser parce que chacun a le sien; il faut cependant bien se garder de jamais l'offrir ou le rendre à qui que ce soit avant d'en avoir retiré toute la fumée qui reste dans la carafe, et pour cela on lève un peu la tête de la pipe en continuant d'aspirer; sauf ces courts instans de cérémonie, on fume sans gêne partout où l'on se trouve.

Les personnes qui fument avec les grands tuyaux élastiques dont j'ai parlé plus haut, ne pouvant atteindre elles-mêmes le cailliau, qui reste fort éloigné d'elles, font un signe à leur pich-kadmet en levant l'index de la main avec laquelle ils tiennent le bout de cristal;

Litho de C. Motte.

Persan se promenant à cheval en fumant

le domestique soulève la tête du cailliau jusqu'à ce qu'il n'y ait plus de fumée dans la carafe, et, sur un clin-d'œil imperceptible de son maître, va le porter à la personne qui le désire.

Les Persans fument le cailliau en voyage et à cheval; ils ont pour cela d'autres tuyaux de cuir élastiques, plus légers que les premiers et longs de quinze à vingt pieds, par le moyen desquels ils tiennent leurs chevaux à une certaine distance les uns des autres. Le pichkadmet porte le cailliau allumé dans la main droite, de la gauche conduit son cheval, qu'il laisse toujours un peu en arrière de celui de son maître.

J'ai dit plus haut que ces ustensiles étaient des objets de luxe; il en est cependant qui, sans être garnis de perles ni de pierres précieuses, n'en coûtent pas moins de cent à cent cinquante tomans; ils sont d'or massif, enrichis de ciselures et d'émail, travail où l'on excelle en Perse; la bouteille est de cristal de roche, ciselée et dorée d'une manière fort élégante.

Le cailliau dont le roi se sert en cérémonie est tout couvert de perles, de brillans, de rubis et d'émeraudes; il vaut, dit-on, plus de deux millions de francs. Il y a deux sortes de cailliaux, ceux de ville et ceux de campagne; ces derniers diffèrent des autres, en ce que les bouteilles qui contiennent l'eau, au lieu d'être de cristal, sont de cuir, mais tellement garnies d'or et d'émail, qu'elles coûtent ordinairement plus que les autres.

Schah-Abas-le-Grand avait défendu le cailliau sous peine de mort au commencement de son règne, on ne sait pas trop pourquoi; mais bien que plusieurs personnes prises en flagrant délit eussent été exécutées de suite, il ne put cependant parvenir à le supprimer, et fut à la fin obligé de révoquer les ordres qu'il avait donnés (1).

(1) On raconte qu'un jour ce prince fit charger tous les cailliaux avec du crotin de cheval; quand on les eut servis, il demanda à chacun comment il trouvait ce tabac qu'il avait nouvellement reçu de Chiras. Tous les courtisans protestèrent qu'il était excellent et qu'il avait un goût exquis. Sur quoi ce monarque courroucé s'écria : « Maudite soit la drogue qui ne peut être dis» tinguée de la fiente des animaux ! »

CHAPITRE XIII.

DES MEUBLES DES PERSANS.

Il n'y a pas de pays où l'on puisse s'établir et monter son ménage plus aisément et à moindres frais qu'en Perse. Les plus riches habitans ont des besoins si bornés qu'il leur est toujours facile de les satisfaire.

Les meubles d'une maison persane, quelle que soit son importance, sont peu nombreux, ou, pour mieux dire, le mobilier qu'on y trouve mérite à peine ce nom. On n'y voit ni chaises, ni tables, ni canapés, ni commodes, ni rideaux, ni glaces, ni lits, etc., etc., les tapis et les ketches sont non-seulement les seuls ornemens des appartemens, mais aussi les uniques meubles qui se présentent aux yeux.

On a dans le pays une aversion singulière pour habiter une maison bâtie par une autre personne, fût-ce même par son père, et on laisse presque toujours tomber en ruine la maison paternelle ; aussi quand un Persan veut s'établir, il commence par faire bâtir sa maison, qui pour l'ordinaire est prête à le recevoir en moins de quinze jours ; il n'en faut guère davantage pour construire le harem quand il a plusieurs femmes; car il n'a de plus que l'habitation ordinaire que les accessoires décrits dans un des chapitres précédens.

Comme les Persans n'ont ni armoires, ni commodes pour enfermer leurs effets, on pratique de distance en distance dans l'épaisseur des murs de chaque chambre, de petites niches de huit ou dix pouces de profondeur, sur trois pieds de hauteur et autant de largeur ; c'est là qu'ils placent leur garde-robe, qui n'est pas fort considérable ; celle des hommes se compose pour l'ordinaire de deux ou trois habits, d'un seul pantalon, d'une seule chemise, d'un bonnet, d'une capotte et d'un manteau. Si quelques individus de la classe des grands sont mieux équipés, la différence est peu de chose.

Les femmes sont mieux fournies sur cet article, si l'on en excepte pourtant les chemises, les mouchoirs, et tout ce que nous appelons linge ; la raison en est que ces objets étant presque tous faits de soie ou d'étoffes brodées d'or, et souvent de perles, on les porte jusqu'à ce qu'ils soient usés.

Les enfans, quelle que soit la fortune de leurs parens, sont fort mal tenus et mal vêtus, et à l'exception de ceux du roi et des princes, je ne me rappelle pas en avoir vu de proprement mis.

Les lits, composés seulement de quelques matelas et de quelques couvertures, sont de peu de valeur, et néanmoins, après les tapis et les ketches, ils forment la partie la plus précieuse d'un ameublement persan. Les harems ne sont pas mieux garnis; à l'exception de quelques coffres où les femmes renferment leurs bijoux et autres effets précieux, je n'y ai rien aperçu de plus que des cafetières, des théières, des tasses, et des miroirs qui font partie de leur dot. Ces derniers meubles surtout sont pour les dames persanes d'une haute importance; car, si elles s'absentent pour plus d'un jour, elles les emportent avec elles. Il n'y aurait pas de paix pour les maris qui en auraient donnés au-dessous du prix auquel leur fortune peut atteindre. Les cadres de ces miroirs sont ordinairement recouverts en plaques d'or ou d'argent forts joliment ciselées et entremêlées de peintures sur émail d'assez bon goût. On en voit aussi qui sont garnis de pierreries et de perles fines et qui valent jusqu'à cinq à six mille tomans.

Les ustensiles de cuisine ne font pas d'étalage; comme on ne connaît pas en Perse l'usage des casseroles, il suffit de quelques marmites pour cuire les pillaws et les schorbas; chaque maison a tout ce qui lui est nécessaire quand elle possède une douzaine de marmites, qui entrent les unes dans les autres et servent en ville comme en campagne : on les met dans un sac de cuir qui est porté à dos de mulet. Ce nécessaire de cuisine, qu'on nomme digbar, n'est pas la chose la moins intéressante du bagage d'un Persan; ajoutez-y quelques brochettes, un grand couteau, une hache, une douzaine de plateaux, et quelques plats de faïence pour le service, et vous aurez une juste idée de la dépense qu'exige la batterie de cuisine.

Tous ces objets réunis sont de peu de valeur, et je suis certain qu'un Persan peut avoir sa maison et son harem meublés même avec assez d'élégance pour moins de cent tomans, ce qui est bien peu de chose pour un pays où l'or et l'argent sont si abondans.

Je dois dire cependant que les grands seigneurs ont des batteries de cuisine assez considérables, de belle porcelaine de Chine et souvent de la vaisselle plate. Le roi seul a de la vaisselle d'or; et lorsqu'un grand obtient la faveur de lui donner à manger, on y porte cette vaisselle pour rendre la fête plus brillante.

CHAPITRE XIV.

DE LA NATURE DES BIENS, ET DE LEUR PARTAGE ENTRE LES ENFANS.

Les fortunes en Perse, comme dans tous les pays où la féodalité existe, sont ou très-considérables ou très-chétives. Sous ce rapport, la population peut se diviser en deux classes, celle des hommes riches ou grands propriétaires, et celle des gens aisés; on ne saurait comprendre dans celle-ci les artisans ni les paysans, car ils jouissent de si peu de considération, quoique très-souvent à tort, qu'à peine les regarde-t-on comme faisant partie de la nation.

La fortune des grands consiste dans la possession de plusieurs villages, et quelquefois dans la surintendance d'une ou de plusieurs tribus nomades qui sont obligées de leur payer un certain droit de vasselage. Chacune de ces tribus paie, outre sa redevance seigneuriale, une autre imposition aux gouverneurs sur le territoire desquels elles dressent leurs tentes. D'autres sont pourvus de gouvernemens ou d'emplois à la cour, qui leur rapportent des sommes d'autant plus fortes, que ces fonctionnaires se paient par leurs mains et mettent des impositions arbitraires.

La possession d'un village en Perse ne donne aucun droit personnel au seigneur sur ses habitans; et bien qu'ils soient obligés de travailler pour le maître chaque fois qu'il l'exige, ils n'en appartiennent pas moins au prince qui a seul le droit d'en disposer.

Chaque village a un chef, qu'on nomme kadkoudas si les habitans sont mahométans, et maleks s'ils professent la religion chrétienne; chacun de ces chefs est responsable du paiement de la rente qui est due tant au propriétaire qu'au prince. Il est peu de villages, ou pour mieux dire il n'en existe aucun où cette rente soit payée complétement en argent, mais elle l'est en produits du sol, tels que blé, orge et coton. Quelques-uns récoltant d'autres articles d'une défaite facile dans les villes, sont en conséquence tenus à payer certaines sommes d'argent. Je suppose donc un village composé de deux cents familles, qui rendra tous les ans dix-huit cents karwards (1), et cinq cents battemans (2) ou mounds de coton. Ce village sait par son contrat, dont une copie est entre les mains du chef, ce qu'il est obligé de rendre au prince et au maître; si c'est, par exemple, deux cents mounds et six cents karwards, cet impôt est réparti suivant la récolte particulière de chacun des paysans : tel dont les terres n'auront donné que peu, ne paiera qu'au prorata de sa récolte, et celui qui aura fait une bonne récolte sera obligé de combler le déficit; mais si la récolte est tellement mauvaise qu'elle n'ait pu produire le nombre de dix-huit cents karwards, le maître rabat ses prétentions à proportion; il en est de même pour le coton et pour l'argent.

Pour expliquer ceci, il est bon d'observer qu'en Perse les terres sont partagées suivant le nombre d'individus dont les familles se composent. Quelquefois aussi l'usufruitier en concède une partie, sous prétexte de ne pou-

(1) Un karward est six cents livres de blé et autant d'orge.

(2) Un batteman ou mound équivaut à six livres de nos poids.

voir les cultiver, ce qui est toujours approuvé par les maîtres, certains par-là de ne laisser aucune partie inculte.

Chaque village est obligé de fournir, à titre de droit féodal, outre la rente ordinaire, quelques volailles, du beurre, de la crême, des melons, du bois pour la maison du maître, de la paille pour ses chevaux, et un certain nombre de travailleurs pour quelque espèce d'ouvrage que ce soit, dans toutes les saisons, excepté pendant les moissons. Ce droit de pouvoir exiger ces sortes de corvées entraîne souvent de criantes injustices: car si, par des circonstances malheureuses, les paysans ont été forcés de diminuer le revenu des maîtres, ceux-ci peuvent quelquefois exiger quantité d'ouvriers qui, pour se libérer de la corvée qu'on leur impose, donnent, à titre de présent, l'équivalent de ce qui s'est trouvé de moins dans la rétribution de l'année.

Chaque grand de première classe en Perse possède plusieurs villages; il en est qui en ont jusqu'à cent; il ne faut cependant pas croire qu'ils soient tous également productifs. La fertilité des terres dépend de la quantité d'eau qui les arrose. Tel village de six cents familles rapporte à peine deux cents karwards au propriétaire, parce qu'il est privé d'eau, tandis que tel autre qui n'a que quarante à cinquante familles en rend plus de quatre cents. Mais qui croirait que ces malheureux paysans éprouvent en cela même un autre genre de vexation, et qu'il y ait des gouverneurs assez avides pour vendre le droit d'user des eaux des ruisseaux ou des rivières du voisinage? Les paysans de leurs propres domaines ne sont pas à l'abri de ces avanies. Les villages que les seigneurs persans considèrent comme les meilleurs et qu'ils aiment de préférence, sont ceux habités par des Chaldéens, des Nestoriens ou des Arméniens; d'abord parce qu'ils cultivent la vigne, dont la culture est défendue aux Musulmans, et qu'ils peuvent y aller faire la débauche en sûreté avec leurs amis; ensuite parce que les chrétiens sont grands travailleurs, très-industrieux, et presque toujours adonnés à quelques branches de commerce; aussi est-il rare de voir un bazar qui ne soit composé d'une moitié d'Arméniens et d'un quart de Juifs. Ces derniers s'adonnent aux professions les plus misérables.

Tous les enfans, soit légitimes, soit naturels, sont égaux en droit; les fils de l'esclave comme ceux de l'épouse, les cadets comme les aînés, ont un droit égal à l'héritage de leur père, et jouissent partout du même degré de considération.

Les enfans mâles héritent par portions égales, après qu'on a prélevé sur la succession certaines sommes qui constituent la dot des femmes et des filles du défunt. Ces sommes sont pour les premières fixées en raison du nombre d'enfans qu'elles lui ont donné. A la mort de leur mari, elles sont libres de rester dans les harems ou d'en sortir, soit pour rentrer dans leur famille, soit pour se remarier ; mais dans ce dernier cas, elles perdent leur douaire, parce qu'elles sont sensées être de nouveau dotées par leur second époux.

L'aîné d'une famille n'a rien à prétendre de plus que ses frères, à moins que le père n'ait fait de son vivant quelques dispositions en sa faveur, ce qui est assez rare ; et c'est à tort que plusieurs écrivains ont dit que les aînés héritaient des deux tiers de la fortune de leurs pères. Ils ont cependant droit à ses armes, à ses chevaux et à son koran ; ils peuvent aussi garder sa maison et le harem, en payant à leurs frères la valeur de leur part, d'après l'estimation d'experts nommés d'accord à cet effet. Il arrive assez souvent que les pères font des avantages à quelques-uns de leurs cadets, au préjudice des aînés.

Dans tous les emplois militaires et civils, le fils aîné, sans avoir besoin d'une autorisation légale du souverain, remplace son père dans ses fonctions en cas d'absence ou de maladie; et cette circonstance, consacrée par l'usage et qui n'est pas sans abus, a cependant l'approbation des princes, parce qu'elle s'étend jusqu'à eux.

CHAPITRE XV.

DES FIANÇAILLES ET DES MARIAGES.

Les mariages en Perse ne sont pas les choses les moins curieuses et les moins extraordinaires aux yeux des observateurs européens; les circonstances qui les précèdent, celles qui les accompagnent et qui les suivent, m'ont paru trop remarquables pour les passer sous silence.

D'abord il est rare que les parties intéressées fassent elles-mêmes leur mariage : cette affaire se traite toujours par l'entremise de vieilles femmes qui n'ont presque pas d'autre besogne en Perse.

Lorsque dans une famille il est question de marier un jeune homme, sa mère, sa tante, ou toute autre femme, visite tous les harems, jusqu'à ce qu'elle ait trouvé la personne qu'elle suppose devoir lui plaire davantage ; et comme le futur ne peut la voir, on lui en fait un portrait qui n'est jamais outré, soit en bien, soit en mal, pour ne pas s'exposer par la suite à des reproches. Si le mariage était rompu pour cette raison, ce serait sur les entremetteuses que tomberait le poids de la colère des deux familles, ce qui les rend très-circonspectes.

Si la description qu'on fait de la personne plaît au jeune homme, et qu'il se décide en sa faveur, les parens se voient et règlent les intérêts des futurs époux. Le mari consigne une somme qui devient à tout événement le douaire de la femme. Quant aux effets et objets de toilette, ainsi qu'au lit nuptial, ils sont fournis par la mère de la jeune personne. On fixe ensuite l'époque des fiançailles, et l'on invite toutes ses conniassances à venir tel jour, à telle heure, assister à la cérémonie; elle consiste à présenter le jeune homme à toute l'assemblée, et à annoncer que dès ce jour il a donné parole à telle personne, et l'on indique le jour fixé pour la noce; on sert une colation en fruits, sucreries et sorbets; on fait venir des musiciens, des chanteurs, des danseurs, et cette petite fête dure ordinairement jusqu'à la nuit.

La mère de la demoiselle en donne une pareille aux dames de sa connaissance, dans on harem, où elle appelle également les chanteuses et danseuses publiques, qui n'exercent jamais que dans ces lieux et seulement devant les femmes; du moins maintenant, car il paraît que du temps du chevalier Chardin, elles menaient une vie assez déréglée, ce qui, comme beaucoup d'autres choses, a bien changé depuis.

Après cette espèce de cérémonie, il s'écoule quelques mois, et souvent même des années, car dans les grandes familles les fiançailles ont lieu entre enfans de quatre ou cinq ans. Lorsque le terme est arrivé et le jour du mariage convenu, la fiancée propose ses dernières conditions à son futur avant de donner son consentement définitif; elles consistent pour l'ordinaire en des demandes d'habits, de schals, de bijoux, d'esclaves, et souvent même d'argent et de propriétés. Soit que le mari accorde, modifie ou refuse, il est presque toujours certain que cela ne dérangera pas son mariage, les femmes n'ayant dans ce cas aucune espèce de volonté, et ne faisant ces sortes de demandes que pour se conformer à de vieilles coutumes qui tous les jours perdent beaucoup de leur empire: il est même rare qu'on fasse attention à ces sortes de poulets anti-galans, dans lesquels les fiancées demandent beaucoup pour obtenir peu, et elles s'estiment quelquefois très-heureuses de n'être pas totalement refusées. Si elles ne veulent pas en démordre, les prétendus donnent ce qu'on exige d'eux, mais le font rendre à la femme quand elle entre dans le harem. Elle n'oserait s'en défendre pour ne pas éprouver l'affront d'être renvoyée.

Le jour du mariage arrivé, le jeune homme, accompagné de ses parens et d'un molhaa, se rend dans la cour du harem de la future, qui, derrière les jalousies de sa fenêtre, et sans être vue, est interpelée par le prêtre, pour savoir si elle accepte pour époux l'homme qu'elle voit devant elle : sur sa réponse affirmative, on fait la même question au jeune homme, qui accepte sans avoir vu la personne qui a consenti à lui donner la main. Alors le prêtre prononce les paroles sacramentelles d'union, qui font le complément de la cérémonie, et le marié est libre de fixer le jour où il viendra prendre son épouse, ce qu'il ne fait cependant jamais avant un mois. Au jour désigné, il assemble tous ses amis, qui, au nombre de cent ou cent cinquante, montent à cheval, armés de pied en cap ; plusieurs femmes y montent aussi, et conduisent un cheval richement harnaché pour la mariée ; deux heures avant le coucher du soleil, toute cette cavalcade se dirige, précédée de musiciens, de chanteurs, de danseurs, vers le logis de la mariée, faisant le long du chemin de fréquentes décharges de mousqueterie. Aussitôt arrivé, le mari entre et cherche partout son épouse qui, suivant l'étiquette, doit être bien cachée : il la trouve enfin, mais voilée ; alors commence une espèce de lutte ; il veut l'entraîner, la persuader de le suivre, elle s'y refuse ; plus il la presse, plus elle résiste : elle ne serait pas réputée sage si elle abandonnait facilement la maison paternelle. Aussi crie-t-elle comme si on l'égorgeait. Voyant donc ses instances sans effet, le mari l'enlève, malgré les cris que l'usage ordonne, et la porte sur le cheval qui lui est destiné. Les femmes l'entourent et suivent avec elle le cortége, qui, toujours précédé de la musique et des danseurs, ne se rend à la maison de l'époux qu'après avoir fait le tour de la ville. Celui-ci entre avec sa suite dans le divan, tandis que l'épouse est conduite au harem. Les divertissemens continuent jusqu'au soir, puis on sert le souper, qui se prolonge souvent jusqu'à minuit; alors on accompagne le marié jusqu'à la porte de son harem, en lui souhaitant toutes sortes de prospérités, et surtout que la vue de son épouse ne l'en dégoûte pas. Les musiciens, chanteurs et danseurs qui ont conduit la noce s'installent dans les cours extérieures de la maison, où ils jouent nuit et jour souvent une semaine entière. Tant que dure cette bruyante mélodie, c'est une preuve que la fête continue; et les tables restent chargées chez le nouvel époux jusqu'à ce que ces histrions soient congédiés.

Quand les femmes sont averties de l'arrivée de l'époux, elles recouvrent la figure de la jeune mariée, l'usage voulant que ce soit lui qui lève son voile; c'est aussi la première chose qu'il fait à son entrée dans l'appartement; et comme c'est la première fois qu'il la voit, c'est aussi le moment le plus critique pour elle. Si elle n'a pas le bonheur de lui plaire, il sort à l'instant sans dire un mot, et l'on sait ce que cela signifie; on n'entend dès-lors que des plaintes, des pleurs et des cris, et elle est aussitôt reconduite chez ses parens: l'époux est obligé, dans ce cas, de lui abandonner la dot, les bijoux et les effets qu'il lui a donnés. Ces événemens sont assez rares aujourd'hui, parce qu'il est peu de jeunes gens qui d'une manière ou d'autre n'aient entrevu leurs futures, soit par ruse, soit que celles-ci, sûres de leurs charmes, se découvrent comme par hasard dans quelques lieux solitaires où leurs prétendus se sont cachés par l'entremise des vieilles femmes.

Si la mariée plaît à l'époux, il s'asseoit près d'elle, l'assure qu'elle lui sera toujours chère, et remercie les dames qui l'ont accompagnée. Celles-ci voyant que les époux sont en bonne intelligence, les laissent bientôt seuls ; les esclaves font alors le lit, et sortent toutes à l'exception de la plus vieille, qui assiste le mari pour décider sa femme à se coucher, chose à laquelle elle ne consent jamais sans s'être fait prier plusieurs heures; et comme ce serait une espèce de libertinage que de montrer de l'empressement à se rendre aux vœux de son mari, il y a des jeunes femmes qui s'y refusent des mois entiers.

La vieille esclave place d'abord dans le lit nuptial une grande pièce d'étoffe blanche, qui doit être remise à la famille de la demoiselle comme un témoignage de sa sagesse, puis elle reste en dehors de la chambre à coucher, afin d'entendre tout ce qui s'y passe; et aussitôt qu'elle est certaine que le mariage est consommé, elle rentre, arrache de dessous les époux le voile qu'elle y a placé, et le porte de suite, quelle que soit l'heure, aux parens de la mariée, qui reçoivent cette pièce avec orgueil, et comme un trophée élevé à la vertu de leur fille. Cette coutume, de la plus haute antiquité, est générale en Asie et même en Russie; ce n'est que dans les hautes classes qu'elle est tombée en désuétude.

Comme j'ai été obligé d'anticiper pour décrire les fonctions de cette vieille femme, je reviens maintenant aux circonstances qui les précèdent. J'ai dit que ce n'était pas sans de grandes difficultés qu'un époux parvenait à décider sa femme à se mettre au lit; mais cette espèce de querelle n'est rien en comparaison de celle qui s'élève aussitôt après, pour l'engager à quitter le maudit pantalon qui s'oppose à ses projets; et ce n'est souvent pas le premier jour que les maris peuvent obtenir cet article essentiel de la capitulation.

On serait porté à croire que toutes les difficultés sont aplanies, point du tout; il en est une autre beaucoup plus rare, ce me semble, à rencontrer en Europe : c'est de parvevenir à la consommation du mariage, tâche si difficile à remplir dans ce pays, qu'il se passe communément des semaines, et même des mois, avant qu'on puisse en venir à bout. Il faut savoir encore que, même alors, l'usage et la religion interdissent à l'époux une satisfaction complète, car il ne peut se rapprocher de sa femme qu'après trois fois vingt-quatre heures. Les Persans donnent pour raison de cette bizarrerie, que si une femme venait à concevoir dans ce moment, il ne pourrait en résulter qu'un enfant de sang; raisonnement tout-à-fait singulier pour un tel peuple.

CHAPITRE XVI.

DES DIVORCES ET DES VEUVES.

Les Persans peuvent à leur gré répudier et reprendre leurs femmes deux fois de suite; mais à la troisième, cela n'est plus facile, car alors la femme est obligée d'être mariée à un autre homme, de passer une nuit avec lui, et d'en être répudiée. On s'est trompé quand on a dit que c'était après une première répudiation qu'une femme devait passer par cette épreuve bizarre.

Ces cas, rares à la vérité, se rencontrent quelquefois dans la classe des grands; mais pour prévenir des inconvéniens qui seraient très-désagréables au mari, celui-ci fait épouser la femme qu'il veut reprendre par un esclave, qui, moyennant une certaine somme, s'engage à ne passer la nuit avec sa femme qu'en nombreuse compagnie, et à la renvoyer le lendemain. Ces noces ne sont accompagnées d'aucune cérémonie, et les époux primitifs sont libres alors de se remarier; mais ils ne peuvent se fréquenter avant trois mois, ce terme ayant été jugé nécessaire par les lois, pour s'assurer que la femme n'est pas enceinte du fait de son mari d'un jour. Quand la femme ne se soucie pas de revenir à son ancien époux, elle engage le nouveau à consommer le mariage. J'en ai vu un exemple donné par une femme d'Asker-Khan, mère de son second fils. Il voulut la reprendre après une troisième répudiation, et la maria à un de ses domestiques dont il croyait être sûr. La femme, pour éviter de retourner avec son capricieux époux, fit valoir le mariage dont elle avait déjà deux enfans lorsque je suis parti.

Toutes les femmes répudiées, ou qui obtiennent le divorce, ne conservent aucun droit sur leurs enfans, qui, de quelque sexe qu'ils soient, restent toujours près du père; car, dans tout l'Orient, l'autorité des pères sur les enfans n'a pas de bornes, et, quel que soit l'âge et le rang des derniers, ils ne s'assoient jamais en présence de leurs pères sans en avoir reçu la permission.

Si les maris ont droit de répudier leurs femmes, celles-ci ont aussi le droit de demander le divorce, mais dans trois cas seulement.

Le premier, quand elles peuvent prouver que leurs époux n'ont pas les moyens de les entrêtenir, le second quand elles affirment sous serment qu'ils ont voulu satisfaire avec elles des goûts dépravés, vice malheureusement trop commun dans ce pays, comme dans tout l'Orient, et le troisième enfin quand elles accusent sous serment l'impuissance de leurs maris.

Les femmes qui ont obtenu le divorce emportent avec elles leur dot, leurs effets et leurs bijoux, en un mot tout ce qui leur avait été donné par le mari; et si elles ne contrac- pas d'autres nœuds, elles ont droit au douaire qui leur a été assigné.

Une veuve, comme je l'ai dit plus haut, est libre de rester dans le harem ou de se retirer où bon lui semble. Si elle n'a point eu d'enfans, elle hérite de peu de chose, à moins que le mari n'ait pas eu d'autres femmes ni d'enfans de ses esclaves; dans ce cas seulement elle hérite de toute la fortune du défunt, mais elle ne peut en jouir qu'autant qu'elle garde viduité; sinon, comme dans le cas du divorce, les biens reviennent de droit aux plus proches parens du mari, qui ne sont obligés de rendre la dot ni aucune des propriétés que la femme pouvait tenir de la générosité de son époux.

CHAPITRE XVII.

DES DIVERSES RELIGIONS QU'ON SUIT EN PERSE.

La religion dominante en Perse est la musulmane, du rite d'Aly; elle n'y est bien consolidée que depuis peu de temps : et il y a deux siècles qu'on comptait à peine dans tout l'empire trois mille familles qui la pratiquassent. Avant cette époque, les Persans adoraient le feu; on voit encore à Tébris les débris d'un immense et magnifique temple consacré à cet élément, et si l'on en croit la tradition, c'est de là que le nom d'Azarbeidjan, qui signifie terre de feu, a été donné à la province où il était situé.

Quoique la religion musulmane soit dominante en Perse, il n'est cependant aucune partie de l'Orient où l'on trouve une aussi prodigieuse quantité de chrétiens, tels que Nestoriens et Arméniens. Cela est d'autant plus aisé à croire, que sans les guerres civiles qui ont désolé la Perse pendant plus d'un siècle, ces peuples n'ayant jamais été admis à porter les armes, ils se sont considérablement accrus, tandis que les Musulmans se détruisaient les uns les autres. D'un autre côté, quand l'Arménie fut conquise sur la Perse, les habitans préférèrent presque tous le joug des Persans à celui des Turcs; en conséquence, ils émigrèrent en masse et se répandirent dans toutes les parties du royaume, où on les accueillit et où ils sont devenus la plupart riches et indépendans. Comme ils sont d'un caractère peu belliqueux, et qu'ils ne prennent jamais les armes, les Musulmans, qui font grand cas de leurs services, les méprisent néanmoins presque autant que les juifs; ils ont surtout une espèce d'horreur pour leurs femmes qui, du reste, sont fort malpropres; et beaucoup d'entre eux préféreraient garder le célibat plutôt que d'avoir le moindre rapprochement avec elles. D'un autre côté, les filles de cette nation ne connaissent pas de supplice égal à celui d'être vendues à un mahométan, et quelques-unes se sont défigurées pour ne pas attirer leurs regards. J'en ai vu un exemple dans une jeune fille qu'on m'assura avoir été très-belle, mais qui se défigura avec de l'eau-forte pour échapper aux poursuites du maître de son village.

Les femmes arméniennes sont grandes, fortes, et ont beaucoup d'embonpoint. Avec un peu plus de soin de leurs personnes, elles seraient assez bien. Laborieuses, elles ne sont étrangères à aucun des travaux agricoles du pays; elles conduisent la charrue depuis le matin jusqu'au soir, sans paraître en être fatiguées; elles portent avec elles leurs enfans aux champs, dans des berceaux couverts. Leur fécondité est remarquable, et se prolonge souvent jusqu'à l'âge de cinquante ans.

La religion arménienne se rapproche beaucoup du rit grec pratiqué en Géorgie. Elle est administrée par des moines et des prêtres séculiers : les premiers ont dans la Perse de fort beaux couvens qui dépendent de celui d'Utchmiacin, qui avait autrefois un collége assez célèbre à Rome; j'en ai déjà parlé plus haut. L'abbé de ce monastère est grand patriarche de cette religion et ne relève que du pape.

Les Nestoriens sont les restes des chrétiens qui habitaient jadis une partie de l'Arabie et de la Mésopotamie; ils parlent la langue

Lith. de O'Melle

Femme arménienne tenant un enfant par la main

chaldéenne, et leurs cérémonies religieuses, qui diffèrent essentiellement de celles des Arméniens, ont une grande ressemblance avec celles des catholiques. On ne saurait dire qu'ils aient abandonné leur ancienne patrie, car bien qu'ils soient répandus dans toute la Perse, la majeure partie d'entre eux habite encore le Kurdistan, dont la Mésopotamie, aujourd'hui nommée Irak-Arabi, forme plus des deux tiers.

Ils n'ont aucune disposition pour le commerce, en quoi ils diffèrent des Arméniens; mais ils en ont beaucoup pour les armes, et sont les meilleurs fantassins qu'aient les Curdes pour défendre leurs montagnes : ils sont braves, hospitaliers, très-affables, et ont en grande vénération tous les étrangers de religion chrétienne. Ils sont si ignorans et si dociles qu'ils ne sentent pas qu'il ne leur faut que la volonté pour secouer le joug où les retiennent ces brigands; je citerai à l'appui de cette assertion, qui pourrait paraître hasardée, le rôle que joue maintenant le bey de la province de Hékary, qui se maintient, avec et par les Nestoriens, non-seulement indépendant de la Turquie et de la Perse, mais encore qui fait trembler les provinces curdes voisines, les plus fortes et les plus redoutables. Ce bey, nommé Mustapha, n'a que quarante mille hommes d'infanterie nestorienne appelée toufangchis, qu'il maintient dans l'obéissance avec quatre à cinq mille Curdes, misérables soldats, mais pétris du plus sot et du plus insupportable orgueil. Ils se qualifient tous du titre d'aga, et tyrannisent d'une manière révoltante ces malheureux Nestoriens. Ils leur enlèvent tout ce qu'ils possèdent, et les vendent même si, par des malheurs imprévus, ils se trouvent hors d'état de payer la totalité des revenus qu'on exige d'eux. Ces pauvres gens se battent néanmoins très-courageusement pour ces tyrans qu'ils pourraient écraser avec tant de facilité. Dans le courant de l'année 1810, le prince royal de Perse ayant eu à se plaindre de Mustapha, envoya contre lui une armée de vingt mille hommes; le bey marcha à sa rencontre avec douze mille de ces malheureux chrétiens, et deux mille Curdes. Il tint avec tant d'opiniâtreté devant une petite ville frontière, quoique dénué d'artillerie, qu'il força les Persans à se retirer, sans avoir pu mettre le pied sur son territoire.

Un séjour de trois mois dans le château de

Litho de C. Motte

Toufangchi nestorien du Hékary

Lith. de C. Motte

Courde des montagnes du Hekiary

Djalamerek, résidence de Mustapha-Bey, où ces braves gens venaient me voir tous les jours et m'apporter quelques présens en volaille, laitage et fruits, m'a mis à même de les connaître à fond, et m'a convaincu qu'il ne leur manquait qu'un chef capable de les diriger, pour les soustraire aux mauvais traitemens et aux vexations dont ils sont victimes. Leurs Maleks ne me cachaient pas que si le prince royal de Perse voulait leur assurer des terres et de légères indemnités pour les pertes qu'ils feraient en abandonnant leurs montagnes, ils n'hésiteraient pas à se lever en masse contre cette poignée de brigands. Ce qui leur est d'autant plus facile, qu'ils sont tous très-bien armés et pourvus de munitions. J'en parlai à mon retour au prince royal, mais j'entrevis à ses réponses qu'il attendait des circonstances plus favorables, pour mettre à profit ces heureuses dispositions, que l'avarice outrée de son père neutralisait.

La religion des Nestoriens, comme je l'ai déjà dit, ressemble beaucoup à la catholique. Bien qu'elle n'admette pas la messe, ils pratiquent néanmoins une cérémonie qui en diffère peu, en consacrant d'une manière particulière, et communiant sous les espèces du pain et du vin; mais ils ont admis beaucoup de superstitions ridicules, comme de ne jamais entrer à l'église, à l'exemple des Musulmans, sans avoir fait de copieuses ablutions, et de se tourner en priant du côté de la Kaaba. Leurs prêtres, excepté les évêques, peuvent se marier; ceux-ci doivent garder le célibat, et ne peuvent en aucun cas manger de viande. Cette religion oblige à de grandes austérités. Les mercredi, vendredi et samedi de chaque semaine, sont des jours de jeûne dans lesquels ils s'abstiennent de viande, de poisson, d'œufs, de beurre, de laitage, et ne se nourrissent que de pain et de fruits. Leur carême, qui dure neuf semaines, n'est pas moins rigoureux, et on conçoit à peine comment des gens laborieux peuvent résister à d'aussi longues et si sévères abstinences, sans éprouver des maladies graves; d'autant que ces privations ne leur font jamais interrompre ni même suspendre leurs travaux agricoles.

Leurs femmes leur sont d'un grand secours; elles passent une bonne partie des journées aux champs, pendant la saison du labourage ou des semailles; et durant celle des récoltes, elles ne le quittent que lorsque tous les produits sont rentrés. Elles sont d'un commerce

Lith. de C. Motte

Femme nestoriene.

fort doux; leurs formes sont beaucoup plus agréables que celles des Arméniennes, qu'elles surpassent aussi en propreté, en adresse et en dextérité, car elles sont réputées les meilleures brodeuses en soie de toute l'Asie, où leurs ouvrages sont d'un débit fort avantageux. Elles se distinguent encore par une coutume bizarre, qui tient de la barbarie des Arabes, leurs ancêtres; toutes ont la narine droite percée, pour recevoir un anneau d'or énorme, qui leur pend jusque sur le menton. On ne les ferait pas revenir sur la bizarrerie de cet ornement consacré par l'usage; et sans cette parure elles ne se croiraient pas décemment mises. Ces anneaux sont quelquefois si lourds que la narine en est déchirée, ce qui oblige à faire un nouveau trou au-dessus pour le suspendre.

Les prêtres nestoriens n'ont pas de costume qui les fasse reconnaître, et l'on rencontre souvent des évêques en tournée qu'on est tenté de prendre pour des soldats curdes, parce qu'ils sont vêtus, armés et montés comme eux. Leur but en cela est de ne pas fixer l'attention de leurs persécuteurs, et de pouvoir, dans l'occasion, se défendre contre leurs insultes. Leurs ouailles leur portent un respect et une vénération qui tient de la frénésie : s'ils entrent dans un village, hommes, femmes et enfans, c'est à qui pourra les approcher pour leur baiser la main, ou un pan de la robe; et ceux chez lesquels ils acceptent un logement s'en tiennent plus honorés que s'ils recevaient le souverain de la Perse. La majeure partie de ces prêtres est caressée par les chefs curdes, pour qu'ils portent le peuple à la soumission. Il est cependant facile de remarquer que cette complaisance leur déplaît, et qu'ils ne se feraient pas beaucoup prier pour souffler la révolte, s'ils y voyaient plus de sûreté.

Leur patriarche, qu'ils nomment Kalifat, a sur le peuple une autorité morale sans bornes, il lui suffirait de le vouloir pour l'armer en masse et le conduire partout où bon lui semblerait. Après Dieu, c'est l'être que les Nestoriens respectent le plus, car ils le croient infaillible; on peut juger par-là combien il est ménagé par tous les petits souverains du Kurdistan, qu'il déteste cordialement malgré les présens considérables qu'il en reçoit. J'étais chargé de sonder ses dispositions, et malgré sa retenue, il laissait assez percer la profonde humiliation qu'il ressentait de courber sa tête sous le despotisme de ces misérables.

Lith. de C. Motte

Califa (Évêque) nestorien.

Ces prêtres et ces évêques sont d'une extrême ignorance : ayant à peine une idée des dogmes de leur religion, ils s'abandonnent à une routine grossière, dont ils sont incapables de rendre compte. Ils ont des livres fort anciens, écrits en chaldéen, et quoique la plupart d'entre eux les lisent, je suis tenté de croire qu'ils ne les entendent point. J'ai vu quelques-uns de ces manuscrits remplis d'images très-grossières représentant des diables de toutes les formes. C'est la peur qu'ils en ont qui leur fait pratiquer les dogmes de leur religion bien plus que le zèle, car dans toutes les conversations que j'ai eues avec eux sur ce sujet, il m'a été facile de remarquer qu'ils fondent plutôt leur doctrine sur la crainte des châtimens, que sur l'espoir des récompenses. Les prêtres donnent aux Nestoriens une faible idée du paradis, mais en revanche ils leur font un tableau épouvantable de l'enfer, qu'ils leur annoncent comme inévitable, à la moindre infraction des plus légers préceptes religieux.

Il y a maintenant dans la province de Salmaas un vieillard chaldéen qui est évêque catholique, lequel, sans être très-instruit, est cependant un prodige en comparaison de ses confrères. Il a fait dans sa jeunesse de fort bonnes études à Rome, où il a demeuré treize ans. Il administre cette province suivant le rit catholique, mais il n'a cependant jamais pu décider ses ouailles à s'approcher du sacrement de la pénitence. Il a cherché à faire des prosélytes, sans avoir pu trouver un un seul homme qui lui ait paru digne d'entrer dans les ordres. On peut en conclure qu'après sa mort, qui ne peut tarder d'arriver, vu son grand âge, ses ouailles retourneront à l'église nestorienne, si elles ne se font pas musulmanes.

Les juifs ont aussi en Perse de nombreuses tribus, mais elles ne sont pas réunies comme celles des chrétiens, par villages ; on les trouve dispersées dans les villes et les bourgs. Ici, comme partout ailleurs, plutôt que de se livrer à un travail pénible, ils brocantent, achètent, vendent ou exercent des professions insignifiantes, à l'aide desquelles ils soutiennent avec assez de peine leur existence vagabonde. (Quel que soit le costume sous lequel ils se présentent, on les distingue aisément de toutes les autres races à certains traits caractéristiques de judaïsme.)

Leurs rabins sont de pauvres misérables, pour le moins aussi ignorans que les évêques nestoriens, et quoiqu'ils soient voisins des lieux où Moyse leur donna des lois, je doute qu'aucun d'eux entendent l'hébreu, ou connaisse le Pentateuque et le Talmud.

Les Persans vivent en assez bons voisins avec tous les chrétiens; ils vont même souvent chez eux pour y boire du vin, tandis qu'ils ont pour les juifs un mépris extraordinaire et qui semble être une suite de l'anathême prononcé contre cette race malheureuse et si souvent coupable. Il est certain qu'un Persan ne connaît pas de plus grande insulte que de s'entendre appeler Djuff, et s'il avait, sans le savoir, bu du vin fait par un Israélite, il se ferait vomir jusqu'au sang.

CHAPITRE XVIII.

DU VENDREDI ET DE LA PRIÈRE.

Les vendredis sont pour les musulmans, ce que pour nous sont les dimanches. Ces jours sont consacrés aux exercices de la religion, en conséquence tous les bazars sont fermés, le plus grand silence règne dans les villes, et comme chacun reste chez soi; elles ont ce jour-là l'air d'être inhabitées. Les bains sont cependant ouverts, mais à dix heures du matin on est presque certain de n'y plus rencontrer personne.

Les musulmans font exactement leurs prières au lever et au coucher du soleil; il est même quelques dévots qui en font une troisième et une quatrième, mais cet usage n'est pas général. La prière du matin se nomme Namasse-Saba, celle du midi Namasse-Zore, et celle du soir Namasse-Cheb.

En quelque lieu que se trouve un Persan, quelles que soient ses occupations, il quitte tout au moment de la prière: s'il est dans une place pleine de boue, et qu'il faille aller trop loin pour en sortir, il y reste, étend son manteau par terre, et cherche de l'eau pour faire son ablution; s'il n'en a pas à sa portée, il se frotte les mains et la figure avec de la poussière, de la terre ou même de la boue, et il prie.

Les Persans du rit d'Aly, et qu'on nomme Chütes, prient beaucoup plus simplement que les Turcs du rit d'Omar, qui se distinguent par le nom de Sunnites. Ces derniers ne cessent de faire pendant la prière de grandes exclamations, en étendant les bras vers le ciel, et faisant des mouvemens de tête dans tous les sens, auxquels le corps n'a pas de part: ils n'en récitent les derniers versets qu'à genoux et à haute voix, et lorsqu'elle est totalement finie, ils restent quelques minutes en contemplation dans cette attitude en caressant et peignant leur barbe.

Les Persans, au contraire, prient debout, à voix basse, et s'agenouillent trois fois seulement, en touchant la terre avec le front. Ils ont tous pour cela une petite pierre polie, qu'ils mettent devant eux avant de commencer la prière, et sur laquelle ils posent la figure en se baissant. Ces pierres sont ordinairement rondes, de trois à quatre pouces de diamètre et épaisses de six lignes. Les dervi-ches prétendent qu'elles sont faites d'une de celles qui composent le tombeau du prophète, et les vendent en conséquence fort cher, ou en font des cadeaux intéressés aux grands. Ceux-ci, qui ne sont rien moins que dévots, connaissent bien la valeur intrinsèque de ces reliques, et les acceptent par politique, et pour en imposer à la multitude grossière dont, comme partout ailleurs, le fanatisme serait dangereux pour quiconque voudrait braver les préjugés. On renferme ces pierres dans de petites bourses faites de schal ou d'étoffe de soie brodée en or, et chacun en porte une sur soi, ne sachant pas où il pourra se trouver à l'heure de la prière, et voulant à tout événement être à même de la faire en tous lieux.

Les musulmans ne peuvent prier armés et les bras couverts : ils se débarrassent donc avant leur ablution de toute espèce d'instrument qui pourrait être considéré comme une arme offensive ; ils déboutonnent leurs manches, qui sont fendues à cet effet jusqu'au coude, et quittent leurs sandales.

Ils ne peuvent également prier s'ils ont été touchés par quelque animal impur, ou si leurs vêtemens ont été tachés de sang ; ils doivent alors ou en changer de suite ou les faire laver; s'il s'est passé un jour sans qu'ils aient pu prier, ils le font le lendemain ou quand ils en ont le loisir, pour autant de fois qu'ils en ont été empêchés.

Les femmes sont aussi dans le même cas, et ne peuvent être admises à la prière tant que durent leurs époques : elles sont obligées de se purifier ensuite par le bain; alors elles prient de même que les hommes pour tous les jours qu'elles en ont été empêchées.

Les femmes vont les jeudis soir pleurer et prier sur les tombeaux de leurs parens morts, et particulièrement les veuves sur ceux de leurs maris. Cette cérémonie qui est plutôt consacrée par l'usage que par une dévotion réelle, est accompagnée de cris et de contorsions qui durent presque toujours depuis trois ou quatre heures après midi jusqu'à la nuit close. Quelques-unes d'entre elles se déchirent leurs vêtemens et s'arrachent les cheveux ; plus elles font de tapage, plus elles prouvent l'attachement qu'elles portaient à leurs époux. Le spectacle de cinq à six cents femmes gémissant, criant, hurlant tout en jetant des fleurs et de l'eau sur les tombes près desquelles elles sont agenouillées, est fort étrange aux yeux d'un Européen; mais il n'en est pas long-temps attendri s'il les voit revenir à la ville, pêle-mêle, riant, folâtrant, et manifestant tous les signes de la joie la plus complète.

Les hommes vont aussi assez souvent pleurer sur les tombeaux des femmes qu'ils ont aimées ; mais je dois leur rendre la justice de dire que ceux que j'y ai vus avaient l'air d'être plongés dans un profond chagrin et dans une consternation réelle, et qu'ils évitaient d'affecter les grimaces par lesquelles les femmes cherchent à se faire remarquer dans ces occasions.

CHAPITRE XIX.

DES PRÊTRES, DES SEIDS, DES RADJIS, DES DERVICHES ET DES FAKIRS.

Les prêtres jouissent en Perse d'une grande considération auprès des grands, et ils sont toujours appelés dans les affaires de famille lorsqu'il est nécessaire de lever quelques doutes ; car le Koran étant aussi bien un code civil et pénal qu'un recueil de préceptes religieux, on commence par le consulter dans toutes les contestations en matière d'intérêts, par l'intermédiaire des akous, ou prêtres du premier rang, avant de porter l'affaire devant le cadi. Si l'on n'est pas satisfait de son jugement, on peut en appeler au tribunal ecclésiastique qui prononce en dernier ressort. S'il est question de quelque chose au-dessus de la portée ou de la compétence des prêtres ordinaires, on s'en rapporte aux casuistes, présidés par le grand-prêtre de l'empire, et alors leurs décisions, sans appel, ont force de loi devant les autorités civiles et militaires.

Il y a en Perse plusieurs sortes de prêtres, d'abord le cheik-al-islam est le chef des musulmans qui suivent le rit d'Aly ; sous lui sont ceux qui demeurent dans les provinces avec le titre de buyuk-akou. Dans les villes où les béglierbeys ont établi leur résidence, ils jugent dans leurs arrondissemens respectifs tous les cas qui ressortent du cheik-al-islam. Les deux parties peuvent en appeler à la décision personnelle de ce pontife, et même au roi, si le cas est susceptible de lui être soumis.

Les villes un peu considérables ont aussi un certain nombre de prêtres en sous ordre, qui s'aident mutuellement, etont le simple titre d'akou ; ces derniers ont sous leurs ordres quelques molhaas, chargés, entre autres choses, d'appeler à la prière deux fois par jour, de circoncire, de marier et d'enterrer. Les akous subalternes les surveillent et remplissent eux-mêmes les mêmes fonctions chez les grands, qui leur paient pour ces soins des pensions annuelles, comme nous le faisons à nos chapelains. Ils sont aussi chargés de l'instruction des enfans de la maison.

Les akous et les molhaas portent ordinairement le costume de tous les autres indivi-

Cheick al Islam (Grand Prêtre de Perse)

dus, dont ils ne sont distingués que par des turbans ronds et fort gros, de schal blanc; et par de grandes capottes faites de bandes de laine noire et blanche, de la largeur de neuf à dix pouces, et dont les manches sont énormément amples et très-courtes. Ils jouissent chez tous les grands d'une considération générale, et y obtiennent la première place. Le roi lui-même a beaucoup de déférence pour eux, et il donne souvent ses filles en mariage à ceux qu'il distingue, de préférence aux plus grands seigneurs. Je soupçonne que la politique a beaucoup de part à cette conduite.

Les seids sont ainsi nommés parce qu'ils sont ou prétendent descendre en ligne directe de Mohammed; il est rare d'en voir de riches, et cependant aucun n'est ce qu'on appelle pauvre, parce que le brevet de seid est dans tout l'Orient le meilleur passeport et la meilleure de toutes les recommandations; ils sont distingués par des turbans bleus ou verds qu'ils portent au lieu de bonnet national.

Les seids ne peuvent, en raison de leur qualité, se livrer à des actions serviles; ils n'occupent aucune espèce d'emploi chez les grands, comme le fait une grande partie de la population qui n'a souvent pas d'autres moyens d'existence (1) ; en revanche ils les mettent à contribution, et il n'est peut-être pas un seigneur persan qui n'ait un ou deux seids à sa charge. Les seids de la classe inférieure vont, après les récoltes, faire des tournées dans les villages des arrondissemens où ils se trouvent, et n'en sortent jamais les mains vides. Ils descendent chez les kadkoudas, qui tiennent leur visite à grand honneur. Les crieurs publics se hâtent d'annoncer alors que tels seids sont arrivés dans le village, qu'ils se recommandent à la charité des habitans, et promettent de leur côté de ne pas les oublier auprès de leur cousin Mohammed (2). Alors

---

(1) La profession de domestique n'est cependant pas avilissante en Perse ; c'est au contraire un honneur quand le maître qu'on sert jouit d'un grand crédit à la cour. Je me suis trouvé plusieurs fois assis dans des festins, à côté de misérables qui, quelques jours auparavant, m'avaient humblement versé de l'eau sur les mains, mais qui, chez les personnes où ils se trouvaient, prenaient un air de protection tout-à-fait comique.

(2) On n'affiche rien en Perse, et tout se fait savoir par le moyen de ces crieurs, qui sont très-expéditifs en besogne. On les nomme giartchi ; ils en ont un qui a le titre de giartchi-bachi.

chacun s'empresse d'apporter ses présens chez le kadkouda, où se ramasse la collecte : ces présens consistent ordinairement en blé, orge, paille, fromage, mostala, crême, volaille, coton, etc., et aussi en quelques pièces d'argent.

Lorsque toutes ces offrandes sont rassemblées, le kadkouda donne un dîner auquel sont invités les principaux du village, et il annonce aux seids qu'il a reçu pour eux tels et tels articles, leur demandant humblement pardon de ce qu'il n'en a pu recueillir davantage; mais il leur fait espérer quelque chose de plus pour l'année suivante, si, comme il est loin d'en douter, leurs prières leur apportent l'abondance : il prend leurs ordres avec humilité pour le transport de ces objets. Les seids les donnent avec beaucoup de gravité, en assurant de nouveau qu'ils ne les oublieront pas auprès de leur parent; ils présentent la main à baiser à ceux qui le désirent, montent à cheval, et vont répéter la même cérémonie dans d'autres villages. Chaque commune agissant de même, ces mendians religieux possèdent, comme on voit, des revenus assurés, qui n'exigent d'autre soin que celui de se présenter une fois l'année chez leurs tributaires. Ils restent ainsi près de deux mois absens de chez eux, et peuvent ramasser dans ce court espace de temps pour la valeur de sept à huit cents tomans de denrées de toute espèce. Ce qui, malgré leur apparente pauvreté, leur procure une existence d'autant plus agréable, que leurs harems sont toujours bien pourvus.

Les seids ont sans exception l'entrée chez les grands, qui les traitent avec beaucoup de considération, et les font toujours asseoir près d'eux, honneur qu'ils n'accordent souvent qu'aux personnes de la première qualité. J'ai vu souvent de ces malotrus, sales et les pieds nus, entrer sous des tentes magnifiques, près du ministre qui se levait pour eux en signe de respect, ainsi que les plus grands seigneurs. Après quelques minutes, ils demandaient l'aumône, en taxant chaque personne, et nulle n'osait les refuser. Ils me faisaient aussi la grace d'accepter mon argent, quoique je fusse infidèle, ce qui, selon eux, lui ôtait sa pureté, mais non sa valeur.

Les hadjis sont des individus des deux sexes, qui ayant fait le pélerinage de la Mecque, en reviennent avec le titre de radji-kahnun, ou radji-khan (dame pélerine, seigneur pélerin), qui les distinguent de ce moment, et qui précède leurs noms le reste de leur vie.

Les derviches, espèce de moines mendians, seraient pour la plupart des brigands fort dangereux, s'ils n'étaient sous la juridiction d'un chef qui a sur eux une autorité illimitée, et qui les traite d'une manière fort dure, mais pourtant nécessaire. Ceux qui ont une bonne conduite ont la permission de se livrer à des exercices de piété dans des lieux solitaires, où ils vivent, comme les autres, des aumônes qu'ils reçoivent des voyageurs et des villages voisins de leur habitation. La plupart de ces hommes ont l'adresse, ainsi que les anachorètes, de se faire passer pour saints; quelques-uns restent des années entières dans des postures gênantes, sans faire aucun mouvement, et cela seul suffit pour leur donner une réputation de sainteté dans tout le canton; d'autres possèdent des secrets utiles aux familles, et particulièrement aux femmes stériles qui, par le moyen de leurs prières ou autrement, deviennent souvent fécondes sans miracle.

Il y a des derviches dans toutes les villes du royaume; ils les parcourent vêtus d'une manière particulière, portant, au lieu de panier, une calebasse suspendue par une chaîne de fer au bras gauche, dans lequel on leur met de la viande et du pilaw aux heures des repas. Ils sont adroits et bons charlatans. Plusieurs d'entre eux prétendent, au moyen de paroles et de signes, mettre un homme à l'abri du venin des serpens et des scorpions. Quoique je ne sois pas très-crédule, j'ai vu moi-même plusieurs de ces misérables poser sur leur poitrine de fort dangereux reptiles, pris en plein champ, les manier et les jeter dans les manches de leurs habits, après avoir fait tout leur possible pour les irriter. J'obligeai une fois un de mes domestiques persan, fort poltron d'ailleurs, à se faire initier, puisqu'en ma qualité d'infidèle je ne pouvais l'être moi-même. Aussitôt après, il maniait vipères et scorpions aussi bien que les derviches, sans en avoir la moindre crainte, tandis qu'auparavant il n'en aurait pas approché pour tout l'or du monde. Pendant près de deux ans que cet homme est resté près de moi, il n'a jamais manqué l'occasion d'en prendre quand il en rencontrait, et il ne lui en est jamais arrivé de mal. Je ne crois pas, au reste, qu'il y ait d'exemple en Perse que personne se soit mal trouvé de la confiance accordée à ces gens-là pour cet objet. Je suis bien loin de croire, comme ces der-

Litho. de C. Motte

Derviche charlatan persan.

viches le prétendent et comme il leur fut facile de le persuader à mon imbécille de domestique, que le charme s'opère uniquement au moyen de signes et de paroles ; il est probable qu'ils emploient adroitement quelques ingrédiens qui, ayant une fois touché la peau, lui donne une odeur, ou toute autre vertu, qui se conserve long-temps et paralyse l'action du venin, ou même empêche le reptile de le répandre. Je suis obligé de regarder ce fait comme constant, quoique toutes les recherches auxquelles je me suis livré ne m'aient pu fournir une explication raisonnable : peut-être que des naturalistes seront plus heureux que moi.

Les chefs des derviches font souvent des tournées, et ils ne manquent pas de descendre chez les grands, qui les logent et les hébergent : ils y séjournent le plus long-temps possible ; et la meilleure manière de les chasser, c'est de leur accorder l'espèce de contribution qu'ils demandent à titre d'aumône. Ils la fixent assez haut, et il est rare qu'ils veuillent en rien rabattre. Si on la leur refuse, ils se fixent à la porte de ceux sur lesquels ils établissent leurs prétentions, et y restent des mois, même des années entières. Un de ces derviches, dit

M. Morier, avait demandé cent piastres à M. Maneski, résident anglais à Bassora; il resta deux ans à sa porte, et ne partit qu'après avoir reçu cette somme.

Les fakirs (mot qui signifie mendiant en langue arabe), sont des espèces de derviches errans et sans demeure fixe; ils se répandent dans toutes les parties de l'empire. Ils sont dégoûtans à voir, misérables, et fort souvent dangereux, parce qu'ils ne reconnaissent ni chefs ni aucune espèce de police. Leurs vêtemens sont à-peu-près les mêmes que ceux des derviches, excepté qu'ils ont toujours la tête découverte et chargée de cheveux longs et touffus, qu'ils affectent encore de hérisser d'une manière épouvantable. Quelques-uns attachent une grande quantité de grelots et de petites sonnettes à leurs vêtemens, et courent dans les villages, poussant des cris, faisant toutes espèces de contorsions; plus ils se défigurent, plus ils excitent la pitié des dévots qui les disent animés de l'esprit de Dieu, quoiqu'à les voir on les croirait plutôt possédés de celui du diable. Ils marchent armés d'un long instrument de fer, dont l'extrémité se termine en lame semblable à celle d'un couperet. C'est ainsi qu'ils parcourent les

Litho de C. Motte.

Fakir ou mendiant arabe.

villes, les bourgs, les villages, et particulièrement les routes, où il ne fait pas bon les rencontrer quand on est sans armes, car alors ils vous demandent l'aumône à la manière des *gentlemen of high way* (1), et comme eux ils partagent la bourse des voyageurs d'une manière souvent fort inégale.

---

(1) C'est ainsi qu'on nomme en Angleterre les voleurs de grands chemins.

CHAPITRE XX.

DU NEWROUSE, DU RAMASAN ET DU MOHARREM.

Les cérémonies du Newrouse ou nouvel an des Persans, qui répond au 21 mars, jour de l'entrée du soleil dans le signe du bélier, sont conservées des anciens Guèbres. Je ne crois pas qu'il y ait d'aussi longues fêtes dans tout l'Orient, car il est des villes où on les fait durer quinze jours, pendant lesquels tous les bazars sont fermés, et aucun ouvrier n'ose travailler.

Ce jour-là et les deux suivans, la cour est en gala. Le roi reçoit les ministres et les nobles en grand divan, puis après, les classes inférieures, y compris celle des négocians. Cette cérémonie terminée, le souverain dans la capitale, les princes dans le chef-lieu de leurs vice-royautés, tiennent également un divan pour recevoir et faire des présens à toutes les personnes qui leur sont présentées. Les cadeaux qu'on offre ordinairement au roi et aux princes consistent en chevaux, en armes, en pièces de brocards et en toutes sortes d'étoffes, en schals de cachemire, en belles fourrures, en sucre, en café, en thé, en confitures, en syrops, etc. Ceux qu'on présente au roi sont estimés à plus de deux millions de francs, non compris ce que les gouverneurs absens ne manquent jamais de lui envoyer. Les présens qu'on offre aux princes sont proportionnés au crédit dont ils jouissent. Quand ceux-ci ont fait connaître par un signe qu'ils les acceptent, les personnes qui les ont offerts se prosternent trois fois, se retirent et se rangent en ligne dans le fond des cours ou des jardins sur lesquels les divans où ils ont été admis ont une vue. Au reste, il n'y a pas d'exemple que le roi ait refusé quelque chose, parce que tous les présens qu'on lui destine sont auparavant soumis à l'inspection du pichkech-nouvies (inspecteur des présens), qui décide s'ils sont dignes de son maître.

Les présens que font le roi et les princes consistent en pièces d'or et d'argent frappées au millésine de l'année courante, qu'ils donnent de leurs propres mains. Ceux qui les reçoivent s'agenouillent, les prennent des deux mains, les portent à leur front, puis ils se relèvent, s'inclinent et se retirent.

Le prince royal, vice-roi de l'Azerbidjan, fait de pareils cadeaux chaque année à tous les officiers de l'armée alors présens à Tébris, et à ceux qui sont absens pour affaire de service.

Le roi choisit aussi le jour de l'an pour envoyer à ses fils et aux gouverneurs dont il est satisfait, des habits d'honneur. Ce sont pour l'ordinaire de manifiques robes de brocard d'or ou d'argent plus ou moins riches, suivant l'importance de ceux auxquels il les envoie. Elles sont enveloppées avec cérémonie et confiées à des personnages qui jouissent d'un haut rang à la cour, lesquels, accompagnés d'une suite nombreuse, les portent à ceux à qui elles sont destinées partout où ils se trouvent. Ces robes sont nommées kalate. Ceux à qui elles sont adressées doivent s'en vêtir trois jours de suite, pendant lesquels ils donnent de grands repas à toutes les personnes de considération qu'on invite, tant pour augmenter la pompe de la cérémonie, que pour donner une haute idée du crédit dont jouit auprès du souverain celui qui en est revêtu.

Quand les princes de la famille royale en reçoivent, cela donne également lieu à des cérémonies brillantes dont voici une courte description.

Le porteur de la robe prévient celui à qui elle est destinée, du jour de son arrivée. Celui-ci fait alors élever un vaste et superbe pavillon à deux ou trois lieues de sa résidence. Au jour fixé pour la présentation, il s'y rend accompagné de toutes les personnes de sa cour, vêtues, armées et montées avec la plus grande magnificence; à son arrivée au pavillon, il tient divan, reçoit l'illustre messager qui, après l'avoir complimenté, lui présente la robe déployée sur un coussin de velours brodé en or. Le prince se lève, la prend de ses deux mains en s'inclinant, la porte à son front, passe aussitôt dans un cabinet voisin pour s'en revêtir, ainsi que du turban royal, et rentre dans le divan au son de la musique et des salves d'artillerie. On sert alors un repas splendide, pendant lequel le prince se retire avec celles de ses femmes qu'il a emmenées avec lui, et pour lesquelles on a préparé une jolie collation : quelques instans après, on reprend le chemin de la ville dans l'ordre suivi en venant.

L'arrivée du prince y est annoncée par des salves d'artillerie qui cessent quand il est entré au palais ; là, il reçoit les complimens de toute sa cour, après quoi il passe dans son harem, où il reçoit aussi les félicitations de ses épouses, auxquelles il consacre le reste de la journée. La fête est terminée par un feu d'artifice tiré dans la cour du palais.

Les beglierbeys, ou gouverneurs à qui le roi ou les princes envoient de pareilles robes, déploient dans ces occasions, ainsi que leurs courtisans, tout le luxe possible, pour faire voir au peuple combien ils sont avancés dans les bonnes graces de leur souverain.

Le ramazan, neuvième mois de l'année, est un mois de jeûne, comme dans tous les pays soumis à la loi de Mohammed. Pendant sa durée, personne, sans distinction d'âge ni de sexe, ne peut manger, boire ni fumer avant le coucher du soleil; mais aussi dès ce moment ils se dédommagent amplement de cette abstinence, et les nuits se passent en de continuelles orgies. Enfin, pendant tout ce mois, la nuit remplace le jour. Les bazars sont ouverts et illuminés, on s'y promène, on s'y complimente; les grands donnent de somptueux festins qui ne finissent qu'à l'aurore; car aussitôt qu'ils peuvent distinguer un fil noir d'un fil blanc (ainsi que s'exprime le Koran), ils doivent recommencer le jeûne jusqu'au coucher du soleil. Le jour est employé au sommeil, et on se montre peu dans les rues. Lorsque le mois de ramazan tombe dans le fort de l'été, ce doit être un grand supplice pour beaucoup de personnes qui périraient plutôt que d'apaiser leur soif par quelques gouttes d'eau. J'en ai vu souvent qui attendaient avec impatience le coucher du soleil pour se jeter avec avidité sur une cruche, ou sur un melon, pour étancher la soif qui les dévorait.

Il y a cependant beaucoup de personnes, surtout parmi les grands, qui ne sont guère plus fatiguées des austérités du ramazan que nous de celles du carême, et qui n'ont pas plus de scrupule de manger et de boire pendant ces jours d'abstinence, que nous de faire gras sans en avoir obtenu la dispense. Un des premiers secrétaires du ministre chez lequel je me trouvais un jour, me fit servir des fruits et en mangea le premier. Je parus étonné : « J'en serai quitte, me dit-il, pour » payer l'amende. »

Le moharrem est le premier mois de l'année persane, et c'est au dixième jour qu'on célèbre l'anniversaire de la mort de Hussein, fils du calife Aly, dont ils suivent le rite (1). La catastrophe qui termina sa vie fournit le sujet de diverses cérémonies funèbres qui ressemblent aux jeux scéniques, et qui, tour-à-tour, arrachent des larmes d'une véritable douleur, et excitent le plus violent enthousiasme aux sectateurs zélés d'Aly.

Les matinées des neuf premiers jours du mois sont remplies par divers actes reppelant les événemens qui ont précédé la fin tragique de Hussein. Ces détails, peu intéressans pour des étrangers, m'entraîneraient trop loin : je me bornerai donc à dire qu'on n'entend que cris et hurlemens, entremêlés du nom de

(1) Hussein ne voulant pas reconnaître Yezid-Ben-Moaviah, second calife de la race des Omniades, fut obligé de quitter Médine et de se retirer à la Mecke. Les habitans de Koufah lui offrirent un asile plus sûr, et il partit accompagné seulement de ses enfans et de ses parens, au nombre de soixante-deux cavaliers. Mais il fut rencontré par Obéidachah, général de Yezid, et entouré par dix mille chevaux : lui et les siens, après des prodiges de valeur, succombèrent sous le nombre et périrent, selon la tradition, jusqu'au dernier.

Hussein. Des zélateurs forcenés parcourent les rues par bandes de quarante à cinquante individus, vêtus de lambeaux déchirés, et criant yah Hussein! (oh! Hussein!) Ils se tailladent les bras et la poitrine, et se couvrent de blessures profondes et souvent dangereuses avec leurs poignards.

Ces scènes solennelles sont représentées dans les rues, les places publiques et chez les personnes riches : on les répète chez le roi avec beaucoup de pompe; mais la plus importante, celle de la catrastrophe qui est jouée le dixième jour, offre un spectacle aussi singulier qu'imposant. Un courtisan se charge du rôle de Hussein, il est suivi d'un nombre de cavaliers égal à celui qui l'accompagnait dans sa retraite. Tout-à-coup il est surpris par Obéidachah à la tête de plusieurs milliers de soldats; mais loin de se rendre, Hussein et sa faible escorte font des prodiges de valeur et succombent enfin sous le nombre. J'ai été très-étonné de la précision avec laquelle cette scène est rendue : quoique exécutée avec une rare vérité, elle n'a cependant jamais causé d'accident parmi plus de quatre mille personnes à cheval, qui se chargent et ont l'air de se battre avec acharnement, sans ordre ni précaution. Chaque tribu donne la représentation du même événement avec des variantes, mais le fond est toujours le même.

CHAPITRE XXI.

DU ROI, DE SES FEMMES ET DE SES ENFANS.

Le roi de Perse, Fatey-Aly-Schah, neveu de l'eunuque Aga-Mohammed-Khan, qui fut assassiné en Géorgie par un de ses valets de chambre (1), était, avant son avènement au trône, gouverneur de la province et de la ville de Chiras, sous le nom de Baba-Khan; il y avait à cette époque plusieurs prétendans à la couronne, qui descendaient de familles qui avaient régné, ou de khans rebelles, et chacun d'eux avait des troupes sous ses ordres; ils espéraient, avec ces poignées de partisans, faire triompher leurs prétentions. Cou-

(1) Appelé pich-kadmet, de pich qui signifie avant, en avant, et de kadmet, valet. M. Olivier a cru que c'était le nom de l'assassin; mais cet homme s'appelait Alhaaverdé; il était originaire de la Turcomanie, et il poignarda son maître à l'instigation de Sadock-Khan.

chouck-Khan était du nombre, et il cherchait à s'assurer le suffrage des troupes qui se trouvaient alors sur les confins de la Géorgie; mais Baba-Khan, son frère, plus adroit et plus rusé que tous ses compétiteurs, au lieu d'aller comme eux s'amuser à la recherche d'une armée en partie morcelée et dissoute, se porta directement à Téhéran, où, s'étant emparé des trésors de la couronne, il se fit sans peine reconnaître et proclamer roi par tous ceux qui l'entouraient et par les troupes qui se rendirent auprès de lui (1). Il fit venir son frère Couchouck-Khan, et quoiqu'ils fussent liés de la plus étroite amitié, il ne l'en fit pas moins aveugler. Cette action qui, dans tous les pays, passerait avec justice pour le comble de la barbarie, ne fut cependant considérée en Perse que comme une mesure de simple précaution. Ce qu'il y a de certain, c'est qu'elle ne paraît pas avoir altéré l'amitié que

---

(1) Il eut particulièrement obligation du peu de difficulté qu'il rencontra au premier ministre Hadji-Ibrahim, vieillard qui jouissait d'une considération générale et méritée; ce qui n'empêcha pas le roi de le faire périr d'une manière cruelle, de faire vendre ses femmes et ses enfans comme esclaves, et de s'emparer des biens de toute sa famille.

les deux frères se portaient, car le roi, jusqu'à l'époque de la mort de son cadet qui arriva peu de temps après cet évènement, n'a jamais manqué de le voir deux ou trois fois par jour, de lui prodiguer les plus grandes marques de tendresse, et de lui témoigner ses regrets d'avoir été forcé d'en agir ainsi pour la tranquillité de l'état.

Le roi, avant cette époque, s'était mis en campagne pour combattre Sadock-Khan, de la tribu des Chaguaguis, qui avait fait assassiner Mohammed-Khan, son oncle, et attiré à lui dix mille hommes de l'armée de Géorgie; ils se rencontrèrent dans les plaines de Miana, mais la presque totalité des troupes du khan l'ayant abandonné, et s'étant rangées du côté du roi, il ne lui resta d'autre parti que la fuite : il se réfugia donc dans les montagnes du Karadag, d'où il envoya dire à Baba-Khan que s'il voulait lui accorder la vie, il se soumettrait à son autorité. Le roi engagea sa parole royale qu'il n'attenterait pas à ses jours. Sadock vint à Téhéran se présenter au monarque, mais celui-ci le fit arrêter aussitôt et conduire dans une chambre dont il fit murer les portes et les fenêtres; croyant peut-être qu'en le laissant mourir de faim il tenait la parole qu'il lui avait donnée, de ne pas le mettre à mort. J'ai vu la chambre où ce malheureux finit ses jours. Les gens qui m'accompagnaient, m'assurèrent que quand on y entra pour enlever son cadavre, il s'était mangé le poignet gauche.

Il restait cependant un concurrent bien plus dangereux à écarter, c'était Ala-Kouli-Khan ; il s'était rendu à Ispahan, qui l'avait reconnu pour roi, ainsi que tout le Farsistan et les provinces adjacentes. Ces suffrages grossissaient tellement son parti, qu'il serait devenu fort redoutable sans un événement qui en délivra le roi d'une manière presque miraculeuse. Baba-Khan avait, pour chef de sa cavalerie, un Afchard nommé Hussein-Khan (1); cet homme, doué d'une grande bravoure, de force et d'adresse, s'était déjà fait connaître des soldats par mille traits de témérité et de désintéressement, qui lui avaient gagné le cœur et la confiance de tous ceux qui servaient sous ses ordres. Voyant donc le roi très-affligé de ce que le parti de son compétiteur s'accroissait chaque jour dans

(1) Aujourd'hui gouverneur d'Erivan et de la province d'Aran.

les meilleures provinces de la Perse, il part sans dire un mot, avec trente hommes déterminés, et dirige sa route sur Ispahan. Arrivé près de cette capitale, il reste quelques jours caché dans les environs, dans l'espoir de surprendre Ala-Kouly soit à la chasse, soit à la promenade; mais le hasard ou plutôt la prudence de ce prince, encore trop peu assuré de son autorité pour oser sortir de la ville avec une suite peu nombreuse, le retinrent dans son palais pendant les huit jours que Hussein-Khan passait à l'attendre : celui-ci, craignant d'être surpris ou découvert, prit le parti de l'attaquer chez lui; il assembla ses hommes, et leur demanda s'ils étaient disposés à le suivre au péril de leur vie; tous lui répondirent qu'ils mourraient mille fois plutôt que de l'abandonner. Il fait alors ses dispositions, et, à l'entrée de la nuit, il marche vers la ville, la traverse au galop, et va droit au palais. Il met pied à terre avec vingt hommes seulement, et laisse les autres à la garde des chevaux; il monte alors sans balancer à travers tous les gardes, qui le prirent pour un des chefs du parti, accompagné de sa suite (1), et ne lui

(1) Rien n'est plus facile que d'arriver près d'un

opposèrent aucune difficulté ; il pénètre ainsi jusqu'au divan, où le prétendant était assis, entouré de toute sa cour, va droit à lui, lui plonge son poignard dans le cœur, et sort comme un éclair ; avant qu'on eût pu s'apercevoir qui l'avait frappé, Hussein était déjà à cheval. Il traversa de nouveau la ville au galop, et se jeta dans des chemins de traverse, où il fut assez heureux pour éviter toutes les poursuites. Il arriva quatre jours après à Téhéran, et courut se présenter au roi, qui ignorait ce qu'il était devenu. Mais aussitôt qu'il eut appris cette heureuse nouvelle, il le reçut à bras ouverts, et pour le récompenser d'un si grand service, il le nomma gouverneur de la province et de la place d'Erivan, charge qui rapporte annuellement deux cent cinquante mille tomans, ou cinq millions de francs. J'ai beaucoup connu cet homme extraordinaire qui, malgré ses soixante-treize ans, n'avait rien perdu de son activité, commandait encore son

---

roi de Perse quand il est en divan. Il suffit pour cela d'être vêtu avec magnificence, et suivi d'un nombreux cortége. Les gardes qui ne connaissent pas tous les grands de l'empire, laissent passer les personnes qu'ils supposent telles sans leur faire la moindre question.

armée en personne et montait à cheval aussi promptement qu'un jeune homme. On assure qu'il possède d'immense trésors renfermés dans les souterrains de la forteresse; en effet, outre le revenu qu'il perçoit et dont il ne rend aucun compte au roi ni au prince royal, il fait encore de temps à autre des expéditions en Turquie et en Géorgie, dont il rapporte toujours un butin considérable. Il passe pour avoir les plus belles personnes de la Perse dans son harem ; mais il prend de telles précautions pour qu'on ne sache pas ce qui s'y passe, qu'il n'a jamais voulu consentir, en 1813, au mariage d'une sœur âgée de trente quatre ans.

La mort d'Ala-Kouly ayant délivré le roi de toute espèce de concurrence, son autorité fut reconnue dans toutes les parties de la Perse, telle qu'elle était sous le règne de Mohammed-Khan, à l'exception de la province de Talichi, dont le khan, gouverneur, se rendit indépendant sous la protection des Russes. Ceux-ci ne tardèrent pas à s'en emparer, et elle leur a été définitivement cédée par le dernier traité de paix.

Le roi sentit la nécessité de prendre des moyens efficaces pour assurer la tranquillité de toutes ses provinces, mais surtout de celles qui avaient été en proie à une longue anarchie. Il envoya dans chacune d'elles un de ses fils, avec le titre de beglierbey, et des pouvoirs illimités pour les cas graves. Par cette mesure, il les pacifia toutes, à l'exception de celle du Korassan (1), dont les habitans turbulens et inquiets ont de tout temps cherché l'indépendance, au prix même de leur fortune et de leur vie : les autres se soumirent et respectèrent depuis ce temps son autorité, qui y est générale et absolue.

Quelque temps après cette époque, le roi, voulant assurer à sa dynastie une couronne qui n'a été que trop souvent disputée et achetée au prix du sang, désigna pour successeur son second fils Abas-Mirza, qui dès ce moment prit le titre de prince royal, au préjudice de son frère aîné Mohammed-Aly-Mirza, gouverneur de la province de Kermanchah.

En choisissant ce prince pour lui succéder, le roi a fait preuve de sagesse. Non-seulement c'est celui de ses fils qui a le plus de connais-

(1) Ce monarque a recouvré depuis la majeure partie de cette province; et il est à présumer que le reste ne tardera pas à rentrer sous sa domination, puisque la paix lui laisse le libre emploi de toutes ses troupes.

sances et de mérite, mais il se distingue aussi par son caractère et son humanité; de plus, il a un talent particulier pour connaître les hommes et se les attacher.

Si je ne craignais que le vif attachement et la sincère reconnaissance que je porte à un prince qui m'a honoré de sa faveur et qui m'a comblé de bienfaits, ne me fît accuser de flatterie, je ne tarirais pas sur un sujet si cher à mon cœur. Abas-Mirza est en effet aujourd'hui le prince le plus beau et le plus brave de l'Asie, comme il est le plus humain et le plus affable de tous ceux qui commandent dans cette partie du monde.

Mohammed-Aly-Mirza n'apprit pas sans une espèce de rage la préférence qu'au préjudice de ses droits le roi venait de donner à son frère Abas-Mirza. D'un caractère violent, et incapable de se maîtriser, il partit de suite pour Téhéran, où il accabla son père de reproches. Le roi répondit d'abord avec d'autant plus de contrainte, qu'il était convaincu que cette infraction aux lois de l'empire devait lui faire des ennemis secrets de tous les grands, naturellement opposés aux innovations qui contrarient leurs prétentions orgueilleuses. Il n'ignorait pas d'ailleurs qu'ils murmuraient de l'introduction du système militaire de l'Europe qui les dépouillait de toute l'autorité militaire, pour la faire passer dans les mains du souverain dont il consolidait le trône; il était instruit qu'ils voyaient avec dépit le prince royal adopter le principe de dépayser les troupes en les changeant fréquemment de cantonnemens, afin de les rendre moins susceptibles d'entraînement ou de séduction, et plus dévouées au roi; et toutes ces considérations exigèrent de sa part beaucoup de ménagemens. Cependant Fatey-Aly-Schah voyant l'insolence de son fils croître en raison de la circonspection qu'il avait montrée, finit par lui signifier sa suprême volonté, et lui enjoindre de la respecter; il lui rappela qu'il n'était son fils que par une de ses esclaves, tandis que son frère Abas-Mirza était issu par sa mère d'une de ses grandes femmes de la tribu des Kadjars, et il ajouta qu'il voulait que désormais cette dynastie se perpétuât par des princesses de ce sang. Mahommed-Aly-Mirza, fort de l'approbation secrète d'une partie des grands, répondit avec arrogance que, tenant son courage de son père, et non de sa mère, il saurait, s'il ne lui rendait pas justice, faire valoir ses droits, que les lois étaient en sa faveur, et que c'était se rendre indigne du trône de les enfreindre. « Puisque vous ne savez ce que » vous faites, dit-il, en portant la main sur » son sabre, et que vous agissez comme une » vieille femme, voilà ce qui nous jugera et » ce qui décidera de mon droit! » Le roi, justement irrité d'une apostrophe aussi peu respectueuse, donna des ordres pour qu'il fût arrêté à l'instant; mais il était déjà parti, suivi d'une escorte de troupes d'élite avec laquelle il regagna le Kermanchah. Aussitôt arrivé, il fit connaître les intentions de son père, et convoqua ses troupes qui furent assemblées en peu de temps. Cependant soit qu'il eût réfléchi à l'imprudence d'attaquer ouvertement son père, soit, comme il est plus probable, qu'il reconnût l'insuffisance de ses moyens contre des troupes régulières (1), et surtout contre de l'artillerie qui, toute imparfaite qu'elle fût à cette époque, pouvait néanmoins l'écraser; soit enfin que, connaissant le faible de son père pour l'argent, il eût l'espoir de le

(1) Il peut tout au plus mettre en campagne trente mille hommes de cavalerie irrégulière, mais composée de gens braves, aguerris, et qui lui sont entièrement dévoués.

ramener par ce moyen à des idées plus favorables à son égard; il tourna tout-à-coup ses forces, sans aucune déclaration de guerre, contre Soleyman-Pacha, gouverneur de Bagdad, le surprit, le battit complétement et lui imposa une forte contribution, qu'il envoya au Roi. Fatey-Aly reçut l'argent, en fit bâtir un magnifique palais, avec un petit bourg sur la rivière Kariedege, à sept pharsanges ouest de Téhéran, auquel il donna le nom de Soleymanie, en mémoire du pacha qui en avait fait les frais; mais il ne changea rien à ses dispositions primitives, et, pour ôter à cet égard toute espèce d'espoir au farouche Mohammed-Aly, il fit de suite proclamer Abas-Mirza prince royal, avec injonction aux grands, et tous ses fils, de lui rendre en son absence les mêmes honneurs qu'à lui-même; ils obéirent tous, et eurent l'air de redoubler de déférence pour lui, mais ils ne le détestent que plus cordialement, et chacun d'eux conserve l'espoir chimérique de supplanter tous les autres à la mort de leur père. Cette époque malheureuse ne peut manquer de plonger de nouveau la Perse dans une affreuse anarchie; car chacun de ces princes trouvera des partisans dans son gouvernement particulier, et ils finiront par s'entretuer, jusqu'à ce qu'un plus heureux dompte tous les autres.

Le roi, qui a été le plus bel homme de son empire, est âgé de cinquante ans environ; il est haut de taille; mais sa santé est dans un état de délabrement qui indique assez le genre de vie qui lui est habituel : il a le dos très-voûté, et il est d'une maigreur affreuse. Il ne se traîne plus qu'avec peine; sa voix, forte et sonore autrefois, mais aujourd'hui rauque et sépulcrale, a beaucoup de ressemblance avec celle des ventriloques. Il a près de sept cents femmes dans son harem, qui sont toutes à son usage, et sur ce nombre plus de trois cents comptent comme épouses légitimes. Une grande partie des autres sont de jeunes filles que les grands s'empressent de lui envoyer de tous les points de l'empire; il les voit ordinairement une fois, et les donne ensuite à ses officiers, qui se trouvent très-honorés de cette distinction. C'est pour eux l'occasion de fêtes brillantes que le roi honore de sa présence.

Ses prouesses galantes sont incalculables; mais aujourd'hui l'état alarmant de sa santé l'a décidé, d'après les instances de son médecin, à ne recevoir de femmes chez lui que tous les trois jours. Il fait du reste usage depuis quelques années de la mumie, substance bytumineuse qui coule des fentes d'un rocher qui se trouve aux environs de Chiras. Cette substance, prise comme stimulant, possède, dit-on, des vertus toutes particulières. Aussi est-elle réservée pour son usage; la roche qui la produit est enfermée, et mise sous la garde d'hommes incorruptibles. On ne la recueille qu'en présence des autorités, et on l'envoie de suite au roi, dans des boîtes d'argent cachetées. Il en fait quelquefois de petits présens à des individus pour lesquels il a une amitié toute particulière.

Le roi ne quitte jamais son harem, où il a une grande quantité d'eunuques attentifs à ses moindres désirs. Ses fils seuls ont droit d'y entrer, pour lui faire leur cour, quand il les y fait appeler. Aucune de ses femmes ne peut s'asseoir devant lui, et rarement il en accorde la permission, même à sa première épouse, qui est cependant considérée comme la reine. Il mange toujours dans le harem, où sa cuisine est préparée par des femmes : il y prend aussi ses bains, et il est servi par de jeunes esclaves du même sexe; les unes chantent ou dansent pendant que d'autres remplissent près de lui les fonctions de barbiers que j'ai décrites dans le chapitre cinquième.

Toutes les femmes du roi sont partagées en sections d'égale force, sous la surveillance d'eunuques particuliers, qui sont eux-mêmes subordonnés à un chef qui a le titre de kodjar-bachi (chef des eunuques); ils prennent chaque jour les ordres de celui-ci pour les dispositions du harem, et sa police intérieure. Toutes ces femmes font à ce chef une cour assidue, afin qu'il les présente au roi, qui s'en rapporte souvent à son choix, quand il n'a pas d'objets nouveaux. On doit donc sentir que celles qu'il met dans le lit de son maître lui en sont reconnaissantes, et qu'elles contribuent à lui conserver la faveur qu'elles possèdent elles-mêmes. S'il fait des mécontentes, elles ourdissent contre lui des machinations qui finissent par le perdre, d'autant qu'un personnage de cette espèce est aussitôt mis à mort que disgrâcié, afin d'ensevelir avec lui les secrets dont il est possesseur.

Le roi, à mon départ de la Perse, avait un nombre prodigieux d'enfans: on comptait soixante-quatre garçons, et j'ai su par un homme dont l'autorité est irrécusable, qu'il avait jusqu'à cent-vingt-cinq filles, et que plusieurs de ses femmes étaient grosses. Il m'eût été très-difficile autrement d'en connaître le nombre; les Persans ne parlent jamais de leurs femmes, et encore moins de leurs filles, et le plus mauvais compliment à leur faire, serait d'en demander des nouvelles; c'est une sorte de honte pour eux d'en avoir, et autant ils sont glorieux quand leurs femmes accouchent d'un enfant mâle, autant ils sont taciturnes et de mauvaise humeur quand elles leur donnent une fille. Dans ce dernier cas on parle à peine des couches; mais si c'est un garcon, on s'empresse, en abordant le père, de lui enlever son bonnet, et de lui dire: « Que votre tête » soit sauve, il vous est né un fils. » Les habits qu'il porte appartiennent au porteur d'une aussi bonne nouvelle, et l'usage est de les racheter par une forte somme.

Tous les fils du roi, à l'exception de quatre ou cinq, sont d'un âge peu différent, et j'en ai vu moi-même à la grande revue que sa majesté vint passer en Azerbidjan, en août 1813, trente-six qui l'accompagnaient à cheval, réunion d'autant plus magnifique, que ces princes sont d'une grande beauté, ayant tous une ressemblance plus ou moins forte avec leur père, quoique peu ressemblans entr'eux.

Je rapporterai ici une anecdote très-propre à donner une idée de l'animosité qui règne entre cette énorme quantité de frères, et de leurs dispositions les uns à l'égard des autres, et surtout envers le prince royal.

Dans les premiers jours de juillet 1813, j'étais campé à Ouroumea, avec dix escadrons de lanciers, quatre bataillons d'infanterie de la province, et une demi-batterie d'artillerie à cheval. Je reçus du prince l'ordre de me mettre en route pour Tébris, le premier du mois d'août, afin d'être arrivé dans la plaine Dûdjan pour le huit ou le neuf. Il me recommandait de faire en sorte que ces régimens, l'élite de l'armée persane, fussent dans le meilleur état possible et qu'il ne leur manquât rien. J'arrivai en effet le huit au camp. Le prince, entouré d'une trentaine de frères, qui avaient devancé le roi en Azerbidjan, aussi empressé pour sa cavalerie régulière et son artillerie à cheval, qu'un amant le serait pour sa maîtresse, avait une lunette braquée sur le défilé par lequel je devais déboucher avec ma troupe pour entrer dans la plaine. Je pris les devants pour reconnaître l'emplacement que ma petite division devait occuper. Aussitôt que le prince distingua mon plumet blanc, il manifesta sa joie par une exclamation qui surprit ses frères. Comme j'étais monté sur un excellent cheval arabe, que je tenais, ainsi que beaucoup d'autres, de sa générosité, je ne tardai pas à gagner le palais. Il était appuyé sur la balustrade de la fenêtre, d'où il m'appela par mon nom, en me faisant signe de monter. Arrivé auprès de lui, il me dit, à son ordinaire, de m'asseoir à ses côtés; mais voyant tous ses frères debout, je lui dis que je n'oserais prendre cette liberté tant que ces princes ne le feraient pas. Il parut me savoir gré de mon observation, et leur permit aussitôt de s'asseoir. Alors, sans faire attention à la surprise que mon arrivée avait produite, il ne mit plus de bornes à ses questions sur mes troupes. Je l'assurai qu'il serait satisfait de leurs progrès, depuis qu'il les avaient perdues de vue. Un de ses frères, étonné des marques d'estime et de bienveillance qu'il me prodiguait, lui demanda en arabe, d'un ton fort sec, comment, après avoir été pour eux d'un sang-froid glacial depuis trois jours, il était devenu tout-à-coup d'aussi bonne humeur depuis l'arrivée de cet homme, en me désignant? Le prince se prit à rire, et lui répondit dans la même langue, que la raison en était claire ; qu'il savait fort bien qu'il n'avait d'ennemis en Perse que ses frères ; tandis qu'il était convaincu que cet homme-là était un de ses meilleurs amis. Voyant ensuite que j'étais curieux d'apprendre ce qui venait d'être dit à mon sujet, il me le répéta en langue turque. Un peu confus, je dis néanmoins qu'en me rendant justice, je croyais qu'il faisait tort aux princes ses frères, et me porterais volontiers garant de leur amitié pour lui : « Ils seraient les premiers à » vous démentir, me dit-il, et à notre rencon- » tre dans les plaines de Miana, vous les ver- » rez probablement faire leur possible pour » se conduire autrement envers moi (1). »

Tout en désirant échapper à l'inimitié des frères du prince royal, qui ne me voyaient pas de bon œil, je voulais cependant leur laisser entrevoir combien l'idée d'une résistance quelconque serait chimérique, et je dis à Abas-Mirza, qu'amitié fraternelle à part, les princes ses frères avaient sans doute assez de lumières

(1) Faisant allusion par ces paroles à la rencontre des compétiteurs au trône qui a lieu à la suite d'une vacance : tous s'arment et se rendent dans ces plaines pour se le disputer.

pour connaître l'impossibilité d'obtenir le moindre succès sur lui, fussent-ils tous réunis; et qu'aucuu d'eux n'ignorait sans doute pas qu'avec les troupes régulières qu'il commandait immédiatement, et qui lui étaient dévouées, il en battrait dix fois autant d'irrégulières; qu'au reste, j'espérais les convaincre, dans les manœuvres générales qui auraient lieu après l'arrivée du roi, que je n'avançais rien de trop. Ils froncèrent le sourcil, et leurs regards mutuels et interrogateurs semblaient demander si ce que j'avançais pouvait être vrai; car ils savent que dans le cas où tout espoir de succès est perdu pour eux, la politique leur réserve à tous indistinctement au moins le sort de Couchouck-Khan, leur oncle. C'est cette certitude qui les oblige en quelque sorte, même contre leurs dispositions naturelles, à à faire tout ce qui est en leur pouvoir pour empêcher ou du moins retarder un événement aussi triste qu'inévitable. Je dis inévitable, parce que malgré la douceur et l'humanité du prince royal, il n'en sera pas moins obligé de faire subir ce traitement à tous ceux qui lui tomberont entre les mains, après la mort de son père, s'il veut prévenir ou étouffer l'anarchie.

Aussitôt que je vis déboucher mes troupes dans la plaine, je priai le prince de m'indiquer la place du camp, et je partis aussitôt pour veiller à la tenue et à la formation des escadrons, afin de pouvoir exécuter quelques manœuvres devant son altesse royale, qui voulait passer la revue en présence de ses frères. Ce fut l'affaire d'un moment, et j'entrai alors dans les immenses rues du camp des troupes irrégulières du roi. Il serait difficile de peindre l'étonnement de cette armée qui comptait bien soixante mille hommes, en voyant pour la première fois des cavaliers montés, habillés et armés régulièrement, marcher dans le plus grand silence, avec ordre, précédés de trompettes et d'officiers richement vêtus. Ils étaient surtout frappés du spectacle des pavillons des lances flottans au gré des vents, qu'ils prenaient pour autant d'étendards. Mais ce fut bien autre chose lorsque, nous voyant former en bataille au galop, ils aperçurent l'artillerie légère suivre ce mouvement avec la même vélocité que nous, et exécuter un feu très-vif avant que la gauche fut arrivée en ligne. Chaque évolution était pour eux une espèce de miracle.

Le prince Abas-Mirza, qui voulait jouir de

de l'embarras de ses frères, que ce spectacle n'amusait point, leur disait à chaque instant de désigner un côté quelconque où ils supposeraient qu'un corps viendrait m'attaquer, pour leur faire remarquer avec quelle rapidité et quelle précision s'exécutaient les changemens de front. Quoique nous fissions réellement peu de chose ce jour-là, les chevaux étant fatigués de la marche, je remarquai cependant que ce spectacle leur paraissait de mauvais augure pour leurs prétentions futures, et l'aigreur perçait alors même que, par civilité, ils complimentaient le prince sur la beauté de ses troupes. Les grandes manœuvres qui eurent lieu quelques jours après, et à la suite desquelles les régimens de toutes armes firent la petite guerre, augmentèrent leurs craintes. Ils ne se dissimulaient pas que leurs forces réunies ne pourraient lutter contre une armée organisée et disciplinée de la sorte, et qui d'ailleurs faisait journellement des progrès dans une tactique dont ils n'avaient pas même l'idée.

Tous les fils du roi vivent dans le harem royal jusqu'à l'âge de douze à treize ans : à cette époque chacun d'eux reçoit le gouvernement de quelque province ou ville, dont le revenu leur sert d'apanage. Un seul d'entre eux, Mirza-Mahamud, parvint à l'âge de seize ans sans en avoir, parce qu'ayant été, avec la permission du roi, adopté par Mirza-Cheffi (Sedri-Harem), le plus riche particulier de la Perse, il est maintenant considéré en quelque sorte comme le fils de ce dernier. Le roi qui convoitait depuis longtemps les richesses de ce vieillard qu'on évalue à cinq millions de tomans, et ne savait par quels moyens les faire retomber dans sa famille, a consenti à une adoption contraire aux lois de l'empire, et qui à l'époque où elle eut lieu, fit murmurer hautement les grands de la famille du vieux ministre qu'elle frustrait d'un héritage sur lequel ils avaient jeté leur dévolu.

Les fils du roi sont mariés fort jeunes, et quelquefois avant ce moment, on leur donne de jeunes esclaves avec lesquelles ils vivent jusqu'à ce que le père leur désigne la femme qu'ils doivent épouser, ou qui doivent habiter avec les épouses légitimes qu'on leur a déjà assignées.

Le roi marie ses filles à des grands de la cour, honneur qu'ils ne briguent point, car ils ne reçoivent point de dot et sont obligés de tenir un train de maison considérable.

Ces maris sont presque toujours très-malheureux ; ils sont forcés envers leurs épouses à un respect qui tient de la servilité, et n'osent s'asseoir en leur présence sans en avoir obtenu la permission. Ils ne peuvent plus prétendre à d'autres femmes, encore moins à avoir de jeunes esclaves; et s'ils s'avisaient de manquer aux ordres de ces épouses impérieuses, elles auraient le droit de les faire punir avec la même sévérité qu'un étranger.

Le roi passe pour être très-jaloux de ses femmes, et ce qui porte à le croire, c'est qu'il ne pardonne aucune infraction aux ordres journaliers qu'il donne concernant leur sûreté, ou pour mieux dire la sienne. Quand elles voyagent, c'est toujours de nuit; et quand, par des circonstances imprévues, elles se trouvent encore en route au lever du soleil, elles sont entourées d'eunuques qui veillent à ce que leurs voiles soient en ordre et couvrent exactement leur figure. Elles sont sous la garde d'un parti de cavalerie considérable qui les escorte devant, derrière et sur les côtés, mais à plus de deux cents pas de distance. Ces hommes sont chargés d'écarter des routes toutes les personnes qu'ils rencontrent, et les obligent à se tourner d'un autre côté que celui où passent les femmes; et si quelqu'un d'eux était assez téméraire pour se retourner, il serait aussitôt mis à mort par les gens de la suite du chef des eunuques.

Quand le roi quitte la capitale pour voyager dans l'intérieur de l'empire, il emmène toujours avec lui une centaine de femmes, qui sont divisées en trois détachemens et voyagent de la manière suivante.

Comme le roi désigne avant son départ les lieux où il veut camper chaque jour, et qu'il a trois trains de tentes, il y en a continuellement deux en place et un en route à une ou deux marches en avant : les femmes sont attachées en nombre égal à ces différens trains de tentes qui voyagent de nuit et assez vite pour se porter à des distances considérables, où l'on établit le camp que le roi doit occuper le lendemain ou le jour suivant. Ces femmes ne partent cependant jamais que quelque temps après les féraches (domestiques employés à dresser les tentes), de manière à n'arriver que quand leurs tentes, qu'on dresse les premières, sont déjà prêtes à les recevoir. Elles voyagent toujours à cheval, à moins qu'elles ne soient incommodées; alors seulement il leur est permis de se servir d'une espèce de palanquin nommé taktirevan. Elles sont couvertes en route, par-dessus leurs habits ordinaires, de larges et longs schals de Cachemire rouge qui leur enveloppent tout le corps, et au lieu de roubend, elles ont un autre schal qui cache totalement leur figure, à l'exception de la ligne des yeux qui, comme chez les dames turques, reste découverte. Elles portent des espèces de bottines fort larges, de drap d'or, et chacune d'elles a un eunuque à ses côtés pour tenir la bride de son cheval.

Le roi, malgré sa jalousie, admet cependant deux ou trois confidens intimes dans son harem : un d'eux, Ismael-Khan, général des troupes de la garde, et qu'on a surnommé Ismael-Kasal (1), fut soumis, à l'époque où il obtint cette faveur, à une épreuve assez curieuse pour être rapportée.

Le jaloux monarque voulant sans doute s'assurer si Ismael-Khan, pour lequel il avait tant d'attachement, méritait toutes ses bontés,

(1) Ce qui signifie Ismael doré, parce que le roi lui fit un jour présent d'une robe de drap d'or, et lui donna lui-même ce nom.

[illegible] C. Motte

...mme du Roi voyageant à cheval.

lui envoya un jour l'ordre de venir le trouver au harem à une heure après midi. Il s'y rendit ; mais, à sa grande surprise, il ne rencontra que des femmes qui lui dirent que le roi dormait, et qu'il fallait attendre son réveil. Ismael voulut se retirer ; elles s'y opposèrent avec toutes sortes d'agaceries ; faisant même semblant d'être emportées par la passion, ces femmes lui adressèrent les déclarations les plus positives, et finirent par vouloir lui sauter au cou comme si elles ne pouvaient résister à l'ardeur qu'il leur inspirait. Ismael-Khan, après les avoir, dit-on, semoncées d'importance et leur avoir représenté l'indécence de leur conduite, les menaça de dire au roi tout ce qui s'était passé si elles ne se retiraient ; voyant enfin qu'elles ne tenaient aucun compte de ses remontrances, il prit le parti de mettre le sabre à la main, et jura qu'il ferait sauter la tête de celle qui ne rentrerait pas aussitôt dans le devoir. C'était là où le roi l'attendait ; caché derrière un rideau, il avait vu et entendu toute cette scène qu'il avait ordonnée lui-même ; il sortit alors de sa cachette, embrassa tendrement son cher Ismael, et lui donna pour récompense de sa fidélité, les douze femmes qui avaient été chargées de lui livrer cet assaut. Cette anecdote pourrait bien être vraie. Cet Ismael-Khan, que j'ai eu l'occasion de connaître (1), était un rusé matois; et si le fait est arrivé, il se sera douté qu'on voulait lui jouer un tour auquel il se sera prêté de bonne grâce.

Le roi ne voyage jamais sans être accompagné de toute sa cour, de ses ministres et d'un corps d'au moins vingt mille hommes de cavalerie. Les stations ne sont que de deux lieues et demie à trois lieues, et il loge rarement dans les villages qui sont sur sa route, se trouvant beaucoup mieux sous ses tentes, qui sont préférables à tous les palais dans la saison qu'il choisit pour voyager. En effet, il ne part de Téhéran que dans le milieu du printemps, de manière à trouver déjà l'herbe haute dans les plaines où il va camper. Il y passe ordinairement l'été, et ne rentre dans sa capitale qu'à la fin de l'automne.

Il y a jour et nuit quatre mille hommes de garde autour de l'enceinte des tentes du roi; c'est-à-dire, mille devant chaque face; et un mirza, de service devant chacune d'elles, n'a

(1) Il fut tué à l'affaire d'Oslanduz, le 30 octobre 1813.

d'autre fonction la nuit que d'appeler les gardes par leurs noms, depuis le premier jusqu'au dernier, en recommençant ainsi jusqu'au dernier. Chaque homme est appelé à haute voix et répond de même par le mot azer, qui signifie il est prêt.

Le roi est d'une parcimonie et d'une avarice extraordinaires: il semble ne connaître d'autre plaisir que celui d'accumuler trésors sur trésors. Il achète tous les ans pour dix à douze millions de francs de bijoux, et les entasse dans des coffres, ainsi qu'une immense quantité d'or; il finira ainsi par priver le pays du numéraire, malgré qu'il soit très-commun.

Il n'est aucun pays du monde où l'on soit plus astreint à faire des présens qu'en Perse; il en faut pour tout, et personne n'est exempt d'en offrir. Le roi lui-même y est en quelque sorte obligé pour ne pas fronder les usages; mais ceux qu'il donne sont si chétifs et même si indécens, qu'à Téhéran il est passé en proverbe, quand on veut désigner quelque chose de pitoyable, de le comparer à un présent du roi; Schahy-pich-kech.

On ne se fait aucun scrupule d'offrir de l'argent aux personnes de la plus haute considération, et le roi profite volontiers de cet usage pour gratifier les personnes de la cour, sans qu'il lui en coûte rien.

L'usage veut que celui qui reçoit un présent en rende un autre, il prescrit aussi que ce présent soit proportionné au rang des personnes qui les portent. Ainsi quand le roi veut faire récompenser quelqu'un de ses gens, il l'envoie porter soit une chétive robe, soit un mauvais schal, ou tout autre chose de peu de valeur à quelque gouverneur ou khan. Celui-ci étant toujours flatté de recevoir des présens du souverain, à cause du relief que cela lui donne aux yeux du peuple, paie grassement le porteur et le défraie des dépenses qu'il est censé avoir faites pendant la route; en sorte que si le roi envoie un de ses grands à Chiras avec une robe de la valeur de dix tomans, le khan qui l'aura portée n'en pourra pas recevoir moins de trois ou quatre cents, et celui qui l'aura reçue aimerait mieux se ruiner que de mettre de l'économie dans une pareille circonstance,

La mesquinerie de ce cadeau tourne souvent au profit de celui qui est chargé de le remettre. Comme la considération de celui qui doit en être revêtu augmente en raison de la valeur du présent, le khan qui s'attend bien à ne recevoir qu'une robe mesquine, s'arrange pour qu'on en substitue à celle du roi une enrichie de bijoux et de perle, et il paie bien cette complaisance. Les deux parties ayant un égal intérêt à garder le secret, il est difficile que cette petite tricherie soit découverte.

Cependant les gouverneurs, pour qui rien n'est perdu, ayant fait voir par la magnificence de leurs habits, qu'ils sont tout-à-fait en crédit auprès du souverain, profitent de cette opinion pour arracher au peuple de nouvelles contributions, qu'ils disent être demandées par le roi. Celui-ci est rarement instruit de ces exactions ; mais il est à présumer que s'il les connaissait, il n'infligerait d'autre punition aux exacteurs que de leur enlever tout, ou au moins une bonne partie de l'argent extorqué de cette manière aux contribuables, à moins qu'il n'ait des motifs particuliers de sévir. L'envoi d'un halate est presque toujours l'avant-coureur d'une demande d'argent ou de la levée d'un nouvel impôt.

Le trait suivant servira à faire connaître jusqu'à quel point le roi pousse l'avarice. Quand le dernier ambassadeur d'Angleterre, sir G. O., lui fut présenté pour la première fois, entre autres présens qu'il était chargé de lui offrir de la part du prince régent, se trouvait un fort joli carrik pour lequel il devait acheter quatre chevaux, afin de pouvoir le présenter attelé. L'ambassadeur ayant expliqué cette circonstance au roi, Sa Majesté lui demanda quelle était la somme qu'il comptait employer à cet achat; il répondit qu'il y mettrait au moins six cents tomans pour qu'ils fussent dignes de lui être présentés. « Eh bien! dit le roi, donne-moi les six cents tomans, et je te tiens quitte des chevaux. » Sir G. O. fut obligé d'en passer par-là, bien qu'il eût d'abord cru que ce n'était qu'une plaisanterie. Sa Majesté accepta néanmoins l'argent, et donna le carrik quelque temps après au prince royal pour se dispenser des frais d'un attelage.

Chaque fois que le roi chasse, il tue une grande quantité de gibier (1), et il en envoie

---

(1) Il est peu de pays où le gibier soit en aussi grande abondance, car dans le Mogan on en voit rassemblé en troupeaux de dix à quinze mille pièces à la fois. Les souverains de Perse tenaient jadis à grand honneur d'en tuer beaucoup dans une chasse, et l'on voit encore aujourd'hui près de Khoï deux tours qui ne sont construites que de têtes de vaches de montagne, animaux qui

Litho de C. Motte

Cheval du Roi peint de henné

par ses domestiques à toutes les personnes de la cour, pour les obliger à donner quelque chose à ceux qui les portent.

Ce prince chasse à cheval; il ne monte que des étalons turcomans, ayant une aversion singulière pour les chevaux arabes, qu'il trouve trop petits et trop fougueux parce qu'il est mauvais cavalier; il préfère les turcomans de couleur claire, comme blanc, gris, isabelle, soupe-de-lait, etc., etc. On distingue facilement ses chevaux de ceux des particuliers, parce qu'il leur fait peindre avec du henné la moitié du corps en rouge, de manière à ce qu'une partie des côtes, du ventre, des épaules et des cuisses soit couleur de rouille. Cette peinture est terminée par un feston dentelé de la même couleur, ce qui achève de rendre ces animaux aussi ridicules qu'ils sont bons et vigoureux.

Le roi n'est pas exempt d'une certaine coquetterie; il a été, comme je l'ai dit, le plus

---

ressemblent assez aux béliers d'Afrique, et qui sont comme eux couverts de poil roux au lieu de laine; mais beaucoup plus hauts et plus légers. On assure que toutes ces têtes proviennent d'une chasse de huit heures, faite par Kérim-Khan.

bel homme de son empire ; et malgré l'état de délabrement où il se trouve, il conserve encore de forts beaux restes. Il a surtout une barbe dont la longueur et la largeur ont échauffé la veine de maints poètes ; elle est du plus beau noir possible, bien fournie et descendant en éventail jusque sur ses cuisses quand il est assis ; il en prend un soin particulier, ainsi que de sa toilette, à laquelle il emploie beaucoup de temps.

Il se serre le corps avec des ceintures pour amincir sa taille ; il est toujours parfumé et couvert de bijoux et de perles. Mais on se ferait difficilement une idée de la richesse de son costume de grand divan ; il est si chargé de pierreries de toutes espèces, que, de la tête aux pieds, on trouverait peine à placer une épingle. Le turban, l'aigrette, le sabre, le poignard et le cailliau, sont les plus riches du monde. Le coussin sur lequel il s'appuie semble n'être qu'un tissu des plus belles perles, et ses tapis de la manufacture de Cachemire sont relevés çà et là par de larges fleurs brodées d'or relevées en bosse, parsemées de perles et de turquoises.

A la visite de l'épouse de l'ambassadeur sir G. O., la première des femmes de l'empereur était surchargée de bijoux, au point qu'on fut obligé de la soulever quand elle voulut se mettre debout pour la recevoir.

Le roi est passionné pour le faste et l'étiquette, et sa cour est à cet égard réglée de la manière la plus sévère. Il est très-glorieux de tous ses fils, quoiqu'il soit aisé de s'apercevoir qu'il réserve toute sa tendresse au prince Abas-Mirza. Aussi quand il sont réunis autour de lui, il ne manque jamais de faire des comparaisons peu flatteuses qui redoublent leur aversion pour le prince royal. J'étais un jour présent à une visite qu'une trentaine d'entre eux lui rendirent; le roi, sans paraître s'apercevoir que leur toilette excessivement recherchée n'était qu'une faible imitation de la sienne, les interpella s'ils n'avaient pas honte d'être mis de la sorte. « Regardez, » leur dit-il, votre frère Abas : il n'y a pas un » golam qui n'ait une plus belle robe que lui. » Vous ne cessez de m'importuner pour obtenir des aigrettes, des bijoux, des robes, » tandis que ce pauvre Abas, qui ne m'a jamais » rien demandé pour lui-même, ne cesse de » me supplier de lui envoyer des fusils, des » canons, de la poudre et du plomb. »

Il est certain que le prince royal, qui a

une mise très-simple, est souvent réduit, par l'avarice de son père, à employer des prières et des subterfuges pour obtenir les fonds nécessaires à la solde et à l'entretien de ses troupes : nécessité d'autant plus affligeante pour lui qu'il est d'une générosité rare, presque toujours paralysée par l'exiguité de ses moyens.

Quelque temps avant le voyage que le roi fit en Azerbidjan, le prince employa une ruse qui aurait pu me coûter cher si le roi n'avait eu autant d'affection pour lui.

Le roi avait abandonné au prince Abas-Mirza la totalité du subside qu'il recevait du gouvernement anglais, pour solder un corps de troupes destiné à agir contre les Russes, et qui devait stationner dans la province de l'Azerbidjan. Mais les Anglais, peu curieux de débourser du numéraire, fournissaient en échange des fusils, des canons, des boulets, des obus, des gibernes, des pierres à fusil, des draps, etc., etc., le tout à très-haut prix. La valeur de ces articles était presque égale à celle du subside, qui était cependant de deux cent mille livres sterling, et il ne restait presque rien au prince pour payer ses troupes. D'ailleurs l'ambassadeur anglais, qui s'était réservé le droit de disposer de cette somme, la diminuait beaucoup par les traitemens extraordinaires qu'il accordait avec une grande libéralité aux officiers, sous-officiers et soldats anglais détachés alors en Perse, qui cumulaient la solde de la Compagnie des Indes avec celle que l'ambassadeur leur donnait. Il s'ensuivait que de simples sous-lieutenans recevaient près de soixante tomans par mois.

Le prince ayant donc épuisé ses revenus pour subvenir à l'entretien de ses troupes, dont le nombre augmentait de jour en jour, et leur devant deux mois de solde, s'avisa d'informer le roi, son père, naturellement craintif, que les Russes avaient dessein de s'emparer de Tébris dans la campagne suivante, et qu'il fallait couvrir cette place par un fort, où l'on pourrait, en cas d'urgence, transporter tous les établissemens publics, les effets précieux, et la majeure partie de la population. Cette fable n'était pas sans vraisemblance, et eût peut-être été réalisée sans les circonstances que je rapporterai par la suite.

Pour donner plus de poids à sa ruse, le prince invita deux Anglais, soi-disant officiers du génie, à venir le lendemain faire avec lui le tour de la ville pour reconnaître le terrein et fixer l'emplacement du fort. Ils s'y rendirent : j'accompagnais le prince, et j'étais seul dans sa confidence. Ils parcoururent les environs de la ville, et prétendirent ne trouver aucun lieu susceptible d'être fortifié, bien qu'ils fussent convaincus du contraire; mais ils en agissaient ainsi d'après les instructions secrètes de leur ambassadeur.

Le prince n'en demanda pas davantage, et pour se dispenser à l'avenir de les initier dans les détails de la construction, et dans le maniement des fonds qui y seraient destinés, les remercia beaucoup; leur disant que comme la chose était indispensable, il reviendrait lui-même une autrefois reconnaître mieux le terrein, et qu'il ne perdait pas l'espoir de trouver un lieu propre à établir un fort.

Cette comédie jouée, nous rentrâmes chez son altesse royale qui, certaine désormais que ses intentions seraient parfaitement connues à Téhéran, avant même qu'il en eût fait part aux ministres du roi, m'ordonna de tracer le plan d'un hexagone bastionné, avec contre-gardes, tenailles et chemin couvert palissadé, afin que la construction fût plus dispendieuse. Il se hâta de l'envoyer à Téhéran, accompagné d'un mémoire que je rédigeai pour prouver l'absolue nécessité de couvrir Tébris par cette forteresse.

Le sadriazem, qui était dans les intérêts du prince, ayant fortement appuyé cette proposition, le roi envoya soixante mille tomans, avec l'ordre de mettre sans délai la main à l'ouvrage.

Le prince, comme on le pense bien, ne fit pas donner un coup de pioche; mais il employa cette somme à mettre ses troupes au courant et à les fournir de tout ce qui leur manquait.

Tout alla le mieux du monde tant que le roi resta à Téhéran; mais lorsqu'il annonça le projet de visiter la province d'Azerbidjan, le prince ne sut comment sortir d'ambarras. Je lui donnai le conseil de dire, qu'au moment de commencer les travaux du fort, il avait appris que les troupes étaient depuis deux mois sans solde, et que, forcé d'employer l'argent à les payer, il comptait attendre que ses économies lui permissent de s'occuper de cette construction. Effectivement, à l'arrivée du roi à Oudjan, son premier soin fut de demander au prince royal si le fort avançait beaucoup. Il suivit mon conseil, et ayant avoué, non sans crainte, à son père, qu'il avait employé l'arà la solde et à l'entretien de l'armée, le roi, à son grand étonnement, se mit à rire, et lui dit qu'il était content de lui, puisqu'il ne l'avait trompé que pour son intérêt. Cependant sa majesté, qui se doutait bien que je n'étais pas étranger à cette ruse, et qui se faisait un plaisir de m'embarrasser, m'envoya chercher. Je vins aussitôt, et ne sachant rien de ce qui se passait, j'aurais pu faire quelque quiproquo désagréable et même dangereux, si je n'eusse vu le prince sourire et me faire signe que le roi savait tout. Sa majesté me demanda quand le fort pourrait être achevé. Je lui répondis que ce serait quand il voudrait. Le roi me dit en plaisantant que j'étais aussi fripon que le prince royal, mais qu'il ne pouvait se résoudre à se fâcher contre ceux qui lui avaient formé d'aussi belles troupes; et malgré leur cherté, il donna des ordres ce jour-là même pour qu'elles fussent augmentées de quarante mille hommes de toutes armes. On rassembla même de suite vingt mille hommes, qui furent instruits dans la plaine d'Oudjan par des officiers anglais de la compagnie des Indes, qui étaient arrivés peu de jours auparavant, et qui les exercèrent jusqu'à l'entière conclusion de la paix avec la Russie.

Le roi, dans toute autre circonstance, n'eût sans doute pas pris la chose avec autant de gaîté ; mais l'espoir d'une paix qui devait lui donner du repos, et à laquelle tout le monde, excepté le prince royal et moi, travaillait avec ardeur, l'avait mis de si bonne humeur, qu'il sembla même oublier pendant quelque temps son avarice ordinaire ; car il fit donner d'assez beaux présens à tous les officiers russes qui eurent occasion de lui être présentés pendant les négociations ; ses courtisans étaient si étonnés de le voir si souvent et si facilement dénouer les cordons de sa bourse, qu'ils en tiraient bon augure. A leur grand regret cet accès de générosité ne fut pas de durée ; mais tous les officiers civils qui furent employés au traité de paix eurent une part à ses libéralités ; car outre la décoration de l'ordre royal du Soleil et du Lion qu'il leur donna, il y joignit encore d'assez fortes sommes d'argent, des schals et quelques bijoux.

Le roi est un des hommes de son empire qui a le plus de connaissances. Avant son avènement au trône, et quand il était gouverneur de Chiras, il passait des jours entiers à l'étude des belles-lettres. On a de lui des ouvrages fort estimés, et quantité de poésies dans le genre de celles de Sady et d'Hafis, qu'il semble avoir pris pour modèles. Il est enclin à la satire, et raille avec esprit. Sir G. O., qui lui faisait souvent des contes à dormir debout, pourrait en dire quelque chose.

Cet embassadeur qui naguère était tout simplement M. G. O., et qui a débuté dans l'Inde en faisant valoir douze ans une manufacture d'indigo où il a amassé une fortune considérable, entretenait souvent le roi de ses hauts faits de guerre dans ces contrées, et chaque fois qu'il revenait sur cette matière, il n'avait jamais manqué de prendre quelques forts ou de gagner quelque bataille. Le roi avait l'air d'ajouter foi à tout ce qu'il lui débitait, mais n'en croyait pas un mot. Un jour il lui fit cadeau d'un sabre en présence de tous les officiers de l'ambassade, auditeurs obligés de tous les contes qu'il avait débités : « Tenez, M. l'ambassadeur, lui dit-il, comme » vous êtes un homme à sabre, et que vous » vous êtes déjà distingué par tant d'exploits » surprenans, en voici un que je vous prie » d'accepter, et avec lequel vous pourrez fa- » cilement satisfaire votre goût pour les ar- » mes; il est d'une trempe excellente, et sans » doute qu'il sera bien redoutable manié par

» un bras aussi vigoureux que le vôtre. » L'intention de ce discours ne fut pas difficile à deviner ; car sir G. O. est de taille médiocre, d'une faible constitution et de complexion maladive.

Le roi passe une partie de la belle saison à une maison de plaisance qu'il a fait bâtir à une lieue et demie de Téhéran, à peu de chose près dans le genre européen ; comme elle est sur le penchant d'une colline qui fait face à la ville, on la distingue parfaitement. Cette maison, ainsi que ses vastes jardins disposés en amphithéâtre et bien plantés, sont d'un effet très-agréable.

Bien que Téhéran ne soit à comparer à Ispahan sous aucun rapport, le roi en a préféré le séjour, comme étant bien moins exposée aux révoltes et à l'anarchie, dont cette dernière ville a si souvent été le théâtre pendant les guerres civiles qui ont précédé son règne, et surtout parce qu'elle est chef-lieu de la tribu des Kadjards, où il est né. Il a pour elle une affection si particulière, qu'il a donné au palais dont je viens de parler le nom de takta-kadjard, qui signifie le trône des Kadjards.

Les appartemens en sont plus riches que

beaux, et la distribution, qui n'est pas merveilleuse, est cependant sans comparaison avec celle de ses autres palais. On n'y trouve rien de remarquable que les portes dont les bois sont travaillés en mosaïque. Cet ouvrage serait admiré par les meilleurs ouvriers d'Europe; il est fini d'un côté comme de l'autre, et les joints en sont si bien ménagés qu'ils échappent souvent à l'œil des connaisseurs et des artistes, qui ont pris plus d'une fois ce chef-d'œuvre de marqueterie pour de la peinture.

Ce qui rend encore ce séjour plus précieux au roi, c'est un ruisseau qui descend de la montagne sur le versant de laquelle la maison est bâtie, et qu'on a détourné pour le faire passer au travers de l'édifice en forme de nappe, tombant de cascade en cascade jusqu'au jardin où il forme un bassin fort agréable, que l'on saigne en différens endroits pour aider à la végétation du parterre.

CHAPITRE XXII.

DU PRINCE ABAS-MIRZA, HÉRITIER PRÉSOMPTIF DE LA COURONNE.

Plusieurs auteurs ont avancé qu'avant de mourir Mohammed-Khan avait eu le temps de désigner pour successeur Baba-Khan, son neveu; mais il est certain qu'un des trois coups de poignard qu'il reçut lui avait percé le cœur, et qu'il mourut sans proférer une parole. D'ailleurs ce prince détestait le roi actuel depuis que celui-ci s'était attiré l'amitié de Kérim-Khan, l'ennemi mortel de Mohammed, le bourreau de son père, celui auquel il devait sa mutilation. Son intention bien connue était de placer sur le trône Abas-Mirza, son petit-neveu, auquel il portait un grand attachement, peut-être pour humilier le père qui, selon lui, n'était bon qu'à être le pich-kadmet du fils. Il ne pardonnait pas à son neveu d'avoir composé plusieurs odes à la louange de Kérim-Khan, et dans toutes les occasions il lui témoignait sa haine et son mépris. C'est cependant à son talent pour la poésie et à l'usage qu'il en fit que Baba-Khan dut de n'être pas enveloppé dans la proscription de sa famille, et auquel il faut attribuer les faveurs dont le combla le régent.

Mohammed-Khan avait conçu beaucoup d'affection pour les deux fils aînés d'un neveu dont il faisait si peu de cas. Ils passèrent auprès de lui une partie de leur première enfance, ce qui le mit à même de les mieux connaître. Cherchant à donner essor à leur caractère, il leur accorda parfois de grandes libertés; mais c'était autant d'épreuves.

Dans leurs querelles enfantines, Mohammed-Aly, fort et robuste, violent et hardi jusqu'à l'impudence, avait toujours l'avantage sur son jeune frère, d'une constitution maladive et presque rachitique jusqu'à l'âge de dix ans. Son gouverneur même n'était pas à l'abri de ses emportemens. Cette audace et un certain rapprochement de caractère avaient d'abord séduit le grand-oncle en faveur d'Aly-Khan; mais lorsqu'il vit que toutes les actions de cet enfant étaient marquées au coin de cette férocité qui ne s'est pas démentie depuis, toutes ses affections se transportèrent sur Abas-

Mirza, en qui il reconnut de bonne heure des qualités solides. Aussi dans les fréquentes altercations qui s'élevaient entre les deux frères, il se prononçait toujours pour le jeune Abas, ce qui n'en rendait l'aîné que plus furieux. Celui-ci faillit être victime de son audacieuse imprudence. Mohammed-Khan fit un jour servir des fruits et des sucreries, et se cacha pour entendre la conversation des deux frères : Mohammed-Aly excita son frère à prendre quelques fruits avant l'arrivée de leur oncle ; Abas s'en excusa en lui représentant que ce serait une impolitesse et une injure dont il pourrait se fâcher ; mais le fougueux enfant n'en tint pas compte et se jeta sur les plats, disant que tout ce qu'il pouvait prendre était à lui. Mohammed-Khan entendit cette insolence, parut aussitôt, et pour punir son insolent neveu, fit enlever les plateaux et les donna au jeune Abas, comme une récompense de sa retenue et de sa discrétion. Cette humiliation excita une telle rage chez Mohammed-Aly qu'il s'en serait vengé sur son frère s'il n'eût été contenu par la présence de son oncle. Mohammed-Khan eut beau lui faire des représentations, il ne put rien obtenir. « Enfin, lui dit-il, si, n'étant encore qu'un

» qu'un enfant sans pouvoir, tu es aussi entier » dans tes volontés, que ferais-tu si tu étais » roi ? Je le ferais tuer à l'heure même », lui répondit ce farouche enfant. L'oncle, justement irrité, et prévoyant que de telles dispositions menaçaient la Perse de grands maux, voulait qu'on l'étouffât à l'instant. Il ne lui laissa le jour que sur les instantes prières de la mère de Baba-Khan, pour laquelle il avait beaucoup d'attachement ; mais il l'éloigna aussitôt et pour toujours de sa vue, en annonçant l'intention de faire passer le sceptre à Abas-Mirza. En montant sur le trône, le père de celui-ci a confirmé ces dispositions en désignant ce prince pour son successeur.

Cependant au moyen des exercices violens auxquels il se livrait avec passion, tels que le mail et la chasse, Abas-Mirza prenait de jour en jour des forces nouvelles. Une chute de cheval, assez grave, tourna même à son avantage, et lui procura une crise favorable dans laquelle ses membres se développèrent à vue d'œil. Tout en se livrant aux exercices du corps, il ne négligea pas l'étude des belles-lettres; il parle et écrit avec facilité plusieurs langues de l'Asie, et il se serait livré également aux langues européennes s'il n'avait craint de choquer les préjugés nationaux. Ses ennemis disaient de lui qu'il était indigne du trône, parce qu'il était devenu frangui, c'est-à-dire européen, et qu'il en portait déjà les bottes.

Son oncle lui avait donné pour gouverneur un de ses ministres, Mirza-Buzarque, homme d'une rare prudence et profond politique, qui le forma de bonne heure dans l'art de régner, et développa en lui les brillantes qualités qui le distinguent aujourd'hui. Ce vénérable vieillard ne l'a jamais quitté depuis, et remplit encore auprès de lui les fonctions de premier ministre sous le titre de kaimakan. Aussi quoique Abas-Mirza fût jeune encore, son père, parvenu au trône, n'hésita pas à lui confier le gouvernement de l'Azerbidjan et la conduite de la guerre contre les Russes. Ce fut alors que ce prince reconnut la supériorité de la discipline et de la tactique européennes, et qu'il mit tout en œuvre pour décider le roi à les adopter.

Les nombreuses défaites qu'il éprouvait, loin de porter le découragement dans son âme, ne faisaient que roidir son caractère ; il était le premier à consoler ses généraux des échecs qu'ils recevaient : « Chaque fois que les Russes

» me battent, leur disait-il, ils me donnent » une leçon dont je tirerai plus de profit » qu'ils ne pensent. » Pierre-le-Grand avait dit avant lui : « Les Suédois me battront tant, » qu'ils m'apprendront à les vaincre. » Pour les grandes âmes, il n'est qu'une manière de voir les événemens.

Plusieurs officiers de mérite étaient attachés à la suite de l'ambassade française, entr'autres un capitaine du génie nommé Lami. Le prince prit de lui des leçons de mathématiques, et fit des progrès rapides. Il se fit traduire les œuvres militaires de Guibert, ainsi que les réglemens des manœuvres d'infanterie. Il apprit assez de dessein pour lever correctement un plan ; mais sentant qu'il ne pourrait pas communiquer lui-même ces connaissances à d'autres, il engagea le capitaine français à former seize élèves pris parmi ses officiers ; il suivait les cours et stimulait l'émulation de ces jeunes gens, autant par son exemple que par ses exhortations. Convaincu que la théorie de certaines choses n'est rien sans la pratique, il apprit lui-même l'exercice du fusil et tous les commandemens de l'ordonnance française, et partagea pendant plus de deux ans son temps entre l'étude et les manœuvres de l'infanterie et de l'artillerie qu'organisaient les officiers de l'ambassade.

Il suivit les détails de la construction des casernes, de l'arsenal, des ateliers, du moulin à poudre et de la fonderie de canons que les officiers français construisirent, et employa toutes ses ressources pour l'entretien et l'embellissement de ses troupes.

Ces importantes occupations ne l'empêchaient pas de continuer la guerre et de faire en campagne, tous les printemps, le métier de général et celui de soldat. On ne reproche à ce prince qu'une seule chose : il néglige trop sa sûreté personnelle, et en cela il se montre bien Persan; il a de la peine à se convaincre de la nécessité d'avoir des avant-postes et des vedettes. Cet oubli généreux de lui-même a failli lui coûter cher. Un parti russe se glisse une nuit dans son camp et s'empare des issues de sa tente; le prince, réveillé en sursaut, n'a que le temps de saisir son poignard et de faire une ouverture à l'un des côtés de la tente; il court presque nu où il savait qu'il trouverait un cheval : couper la longe qui le retenait, sauter dessus à poil, et aller se mettre à la tête de ses troupes qui commençaient à se rassembler, furent l'affaire d'un moment. Le détachement russe, composé seulement de deux compagnies, qui avait tenté un coup si hardi, fut bientôt repoussé; mais il opéra sa retraite en bon ordre et ne perdit pas un seul homme.

Abas-Mirza vit d'assez mauvais œil l'ambassade anglaise de M. Mackolm; elle venait, disait-il, l'argent à la main pour les acheter. Il n'a pas lu Virgile, mais il a deviné le *Timeo Danaos et dona ferentes*. Il s'entretenait souvent des mauvais traitemens que les Anglais ont fait éprouver aux Indiens; il accusait leur politique de la décadence de l'empire du Mogol, et craignait qu'il ne leur prît envie d'exercer en Perse une influence aussi funeste. Cette crainte n'était peut-être pas chimérique, car l'ambassadeur adressa plusieurs fois la demande d'être autorisé à rétablir l'ancienne factorerie de Bouchir, et d'y entretenir un certain nombre de troupes. Cette demande décela une arrière pensée et fut refusée: dans un lieu aussi éloigné du centre de l'empire, il eût été facile à la politique anglaise de mettre à profit les dispositions à l'indépendance de la plupart des gouverneurs.

Les habitudes d'Abas-Mirza sont aussi dignes d'éloge que ses actions. Loin d'imiter son père, il n'a jamais voulu avoir que quatre femmes, et une seule a ses affections; celle-ci est la fille d'un marchand des faubourgs de Tébris. Il en avait eu deux fils lorsque je quittai la Perse, et quoique l'aîné eût à peine six ans, il le menait avec lui dans le cœur de l'hiver, légèrement vêtu et toujours à cheval à ses cotés. Etonné moi-même de la sévérité de cette éducation, je lui fis part un jour de mes craintes sur la santé de cet enfant. « Il faut, » me dit-il, qu'il s'accoutume de bonne heure » aux rigueurs d'un métier qu'il fera peut-être » toute sa vie, et qu'il ait par son expérience » une juste idée des fatigues du soldat. »

Lorsque ce prince entre en campagne, il n'emmène jamais de femmes avec lui, et cet exemple est suivi par tous ses officiers. Il chasse dans ses momens de loisir, et a pour cet exercice un goût passionné. Dans ses courses, il entre dans les villages, et s'informe si les paysans éprouvent des vexations et des injustices.

Il manie toutes les armes avec une adresse extraordinaire. Je l'ai vu souvent, au grand galop de son cheval, lancer le javelot sur des chevreuils à plus de soixante pas de distance, et les atteindre au milieu du corps. Lorsqu'il tire de l'arc, la flèche ne manque jamais le but; dans ses promenades ordinaires, il s'exerce volontiers au tir de cette arme; alors il fait placer un mouton derrière lui et s'en éloigne au galop; lorsqu'il est à cinquante pas, il se relève sur les étriers, tourne la tête en arrière, et il est rare qu'il manque son coup. Cette manière de se servir de l'arc doit être de la plus haute antiquité dans ces contrées; c'est sans doute celle qui rendait la retraite des Parthes si dangereuse.

Il se lève de grand matin; religieux sans bigotisme, il ne manque jamais aux trois prières ordonnées par le Koran. Très-sobre et s'abstenant de vin, il ne punit pas ceux de ses officiers qui en boivent, et se contente de leur témoigner son mépris. Il ne fume point, et, chose extraordinaire pour le pays, il déteste le cailliau.

Ce prince tient divan depuis huit heures du matin jusqu'à dix, puis il déjeune dans son harem; il travaille ensuite avec les ministres et les chefs militaires jusqu'à deux heures après midi; après son dîner, il monte à cheval jusqu'à six heures, il rentre alors pour la prière; assez souvent il se montre encore et passe la soirée avec ses courtisans, ce qui ne va jamais plus loin que dix heures. La robe dont il est vêtu ne le distingue pas du dernier de ses gardes; un couteau sans ornement est attaché à une ceinture d'un très-beau Cachemire. Il n'est cependant pas possible de le méconnaître à sa tournure noble et à son air imposant.

Abas-Mirza est bien fait et taillé en force sans être grand; sa figure est longue et pâle, ses grands yeux sont couronnés de larges sourcils noirs; il a le nez légèrement aquilin et de très-belles dents; sa barbe promet d'égaler un jour en longueur celle de son père. Il parle très-vite, rit volontiers et de la manière la plus agréable. Quoi qu'il ne connaisse, comme je l'ai dit, aucune langue d'Europe, il sait beaucoup de mots français, surtout ceux des commandemens militaires, et il se plaît à les répéter lorsqu'il est de bonne humeur. Il est généreux sans prodigalité, grand amateur d'armes, de tableaux, de gravures, de plans, de cartes, de machines et de modèles en tout genre; il possède de tous ces objets la plus belle collection qui soit probablement en Asie.

Ce prince est d'une grande bravoure, mais il manque de calme, qualité essentielle dans un chef; lorsqu'il parvient à contenir l'ardeur qui le domine, il est aisé de voir combien cet effort lui est pénible. L'âge vaincra sans doute cette chaleur de tempérament, surtout lorsque des expériences répétées lui en auront montré les dangers.

Il craint singulièrement son père, et a pour lui la plus profonde vénération. Il est chéri des peuples qu'il gouverne, et les officiers et les soldats de son armée lui sont si dévoués, qu'il faut que le roi ait une grande confiance dans sa loyauté, pour ne pas en prendre de l'ombrage. Jamais, au reste, confiance ne fut mieux placée, car son père n'a pas de meilleur soutien, ni le trône de plus ferme appui.

Il est vrai qu'il s'opposa de tout son pouvoir à la conclusion de la paix dernière avec la Russie; mais après avoir commandé l'armée et conduit les opérations militaires, il était doublement humilié des conditions onéreuses qu'on imposait à son père. Mesurant ses espérances à la grandeur de son courage, il se croyait certain d'en obtenir de moins rigoureuses après la campagne pour laquelle il avait de grandes vues et réuni de grands moyens (1).

(1) Le plan qu'il avait formé pour une nouvelle campagne était sagement conçu. Il l'aurait ouverte

Abas-Mirza fut cependant le premier à exécuter strictement les articles de cette paix, et les officiers russes lui ont rendu justice à cet égard, ainsi qu'à la noblesse de ses procédés, et aux nombreuses attentions qu'il eut pour eux pendant et après les négociations.

J'irais trop loin si je laissais éclater les sentimens d'admiration que ce prince m'a inspirés ; il faut que mes éloges aient des bornes, mais je dois ajouter que si la Providence ne s'oppose pas à l'élan de son noble caractère, Abas-Mirza sera le réformateur de son pays ; il lui donnera une existence nouvelle, basée sur un état militaire formidable, qui assurera son indépendance au dehors et l'obéis-

---

avec des forces très-imposantes. Outre les troupes régulières que l'on avait complétées, le roi son père aurait mis à sa disposition soixante mille hommes de ses meilleurs soldats irréguliers. Son artillerie aurait été portée à soixante-dix pièces de canon, sans compter une grande quantité de zombareks, arme à la vérité insignifiante en plaine, mais qui peut rendre des services éminens dans les pays de montagnes et dénués de routes, tels que le Karadag, où l'on ne peut transporter aucune autre espèce d'artillerie, faute de chemins praticables et vu l'escarpement des montagnes.

sance au dedans. Le gouvernement militaire peut être le fléau d'un peuple civilisé ; mais cent exemples, tant anciens que modernes, prouvent qu'il est le moyen le plus prompt et le plus sûr de sortir de cette demi-barbarie qui se prolonge si long-temps chez certaines nations.

CHAPITRE XXIII.

DE L'AUTORITÉ ROYALE, DES LOIS, DE LA JUSTICE ET DE SON ADMINISTRATION, DES PEINES.

IL est peu de souverains qui jouissent d'une autorité aussi absolue que les rois de Perse; leur volonté est la loi suprême. Ils n'ont pas, comme en Turquie, de divans, de ministres, ou de pachas qui leur portent ombrage, et les golams, qui sont des espèces de janissaires, loin d'être turbulens et factieux, sont au contraire les plus fermes appuis du trône. A la vérité, ils n'ont pas toujours été aussi puissans; les kourtchis mettaient jadis un frein à leur despotisme; mais Abas Ier, à son avènement au trône, commença par les affaiblir et finit par les détruire totalement. Cette milice prétorienne faisant en Perse ce que font encore les janissaires à Constantinople, le génie turbulent et despotique de ce souverain sut y mettre ordre.

Toute la population appartient au roi, et il en ordonne ce que bon lui semble. Chacun s'honore d'être son esclave, et le titre de kouly (esclave) précède les noms de beaucoup de grands seigneurs. Le souverain est le maître de toutes les fortunes; quelquefois il en dépouille ceux dont il est mécontent, pour récompenser les services d'autres. Il peut aussi disposer des femmes de toute condition qui lui plaisent. Ce droit, loin d'être regardé comme vexatoire par les Persans si jaloux, est considéré comme une faveur faite par le monarque à celui auquel il enlève sa femme ou sa fille.

Les lois fondamentales de la Perse sont tirées du Koran; elles sont insuffisantes, souvent même nuisibles au maintien de l'ordre social; car les peines qu'elles prononcent contre les vices les plus infâmes, sont si légères qu'on les tourne en dérision : elles excitent plutôt au libertinage qu'elles n'y mettent un frein salutaire.

Quand le roi rend quelques négams ou ordres, qui ont force de lois, ses ministres les adressent directement aux différens gouverneurs, sans que jamais le peuple en ait la connaissance; c'est un instrument qu'on emploie quand le cas l'exige. Le roi n'a donc ni sénat, ni chambre, ni conseil pour préparer ces lois, qui donnent ensuite si beau jeu à la chicane ; et bien qu'on ne connaisse en Perse aucun des cas divers prévus par les décrets, les ordonnances, les réglemens plus nombreux encore, dont les états de l'Europe sont inondés, on y voit cependant fort peu de voleurs, encore moins d'assassins (1); toutes les parties du service public s'y font sans bruit et avec une ponctualité admirable.

L'administration de la justice, cette branche du gouvernement si compliquée et si chère chez nous, quoique souvent insuffisante, qui traîne après elle ce cortége d'agens avides, véritable fléau de la société, est on ne peut pas plus simple en Perse. On n'y connaît ni conseillers, ni avocats, ni procureurs, ni huissiers, etc.; aussi l'on ne court pas risque de se ruiner pour un mur mitoyen. La justice est divisée en trois branches, administrées chacune par un fonctionnaire différent. Mais

---

(1) A voir les Persans toujours armés de poignards ou de kangiards, on pourrait craindre que les meurtres ne devinssent communs, mais il n'en est rien ; et l'on voit ordinairement des gens du peuple se disputer et se frapper même, sans avoir l'air de se douter qu'ils portent une arme dangereuse.

quelles que soient les raisons qui forcent à y recourir, elle est toujours rendue au peuple sur l'heure même et sans appel.

Tout ce qui concerne la police et les rixes entre les gens du peuple sont du ressort des darogas, qui ont dans les bazars une place distincte où ils reçoivent les plaintes et les réclamations qui sont de leur ressort. Les informations sont prises tout de suite, et il se passe rarement une heure avant qu'une affaire ne soit définitivement terminée et les délinquans punis.

Les vols, les brigandages, les affaires d'intérêts, les répudiations et divorces, tombent dans les attributions des cadis, juges pour lesquels on a une grande considération, et qu'ils méritent presque toujours, étant choisis parmi les hommes de l'empire réputés pour avoir le plus de lumières et de probité. Sans qu'ils aient beaucoup étudié, leurs décisions serviraient souvent de modèles à nos magistrats; on y remarque tant de sagacité, d'intégrité, d'impartialité et de lumières naturelles, qu'on est tenté de croire qu'ils ont vieilli dans les antres de la chicane. Cette finesse exquise leur fait d'autant plus d'honneur, qu'ils ont affaire aux hommes les plus menteurs et les plus fourbes du monde. Témoigner est un métier très-commun quoique périlleux : un faux témoignage est puni avec la dernière rigueur ; mais les Persans se tiennent sur leurs gardes.

La troisième branche de la justice est administrée par le roi, dont la juridiction s'étend sur tout ce qui concerne la noblesse et les grands qui ne relèvent que de lui, des princes ou gouverneurs des provinces. Le roi juge encore les contestations relatives aux propriétés, et généralement toutes les causes d'un grand intérêt, les malversations, les crimes de haute trahison et autres délits capitaux; et quels que soient ses jugemens, ils sont exécutés à l'instant même et en sa présence.

Le roi n'inflige guère que trois sortes de peines : les coups de bâton sur la plante des pieds, l'amputation du nez ou des oreilles, et la mort. Il est entouré de golams et de féraches; et sur un léger signe, imperceptible pour tous les autres, le coupable est saisi et il subit à l'instant même son châtiment. Ce sont les féraches qui infligent les deux premières punitions, les golams seuls mettent à mort. Ils commencent par donner un grand coup de poignard dans la poitrine du condamné, puis ils lui abattent la tête, qu'ils poussent du pied en signe de mépris, jusqu'à la grande porte du palais, où on la laisse dans la fange pour inspirer la terreur à ceux qui seraient tentés de l'imiter.

Les peines correctionnelles qu'on inflige dans les cas ordinaires de police, sont les coups de bâton sur la plante des pieds, la prison et l'entravement. La première de ces punitions, quoique considérée comme légère, est cependant une des plus douloureuses qu'on puisse imaginer. Après avoir mis le coupable sur le dos, on lui soulève les jambes jointivement, au moyen d'une corde attachée à une pièce de bois que soutiennent deux hommes, de manière que la plante des pieds se présente horizontalement en l'air. Alors deux féraches vigoureux, armés chacun d'une cinquantaine de baguettes, frappent l'un après l'autre de toutes leurs forces et font sauter les baguettes en éclats. L'un des deux compte les coups, et ils ne s'arrêtent que lorsque le nombre des coups fixé est au complet, quels que soient les cris d'aman (pardon) que ce malheureux ne cesse de pousser pendant tout le temps que dure ce cruel châtiment.

On ne se fait pas une idée du courage avec lequel la plupart des condamnés supportent

ce châtiment; j'en ai vu qui, après avoir reçu quatre cents coups, ne faisaient pas entendre une plainte, et se couvraient seulement la figure avec leur bonnet pour cacher les grimaces que la douleur leur arrachait. Personne n'est à l'abri de cette punition, et le roi la prononce contre les grands du royaume dont il a à se plaindre. Comme ce n'est pas un déshonneur d'être punis par le souverain, ils n'en conservent pas de ressentiment, et il est peu de personnes aujourd'hui employées à la cour, à commencer par les ministres, qui n'aient été fustigées de cette manière, souvent pour des bagatelles. La dernière fois que le roi fut en en Azerbidjan, il fit bâtonner ainsi le receveur-général des contributions de cette province, personnage d'ailleurs très-éminent, non pour avoir volé, comme on le croyait, mais pour ne lui avoir pas rapporté une partie de ses exactions. On pousse quelquefois cette punition jusqu'à mille coups, ce qui doit paraître bien fort; néanmoins il n'en résulte pour le patient que d'être obligé, pendant quinze ou vingt jours, à garder le lit avec les pieds couverts de crême fraîche. Il reparaît ensuite aussi dispos que s'il ne lui était rien arrivé, et plaisante volontiers de ce petit accident.

J'avais l'ordre du prince royal de faire donner cinq cents coups de cette manière à tout soldat qui déserterait pour la première fois, et cela n'empêchait pas qu'ils n'abandonnassent leur drapeau par bandes de dix à douze à-la-fois pour aller chez leur parens. Ils disaient à leurs camarades que pour une pareille bagatelle ils ne se priveraient pas du plaisir de voir leurs familles, ne fût-ce que pour un jour. Je trouvai par la suite une manière de les punir qui leur était plus sensible : c'était de leur ôter leurs chevaux et de les envoyer chercher de l'eau avec le sacas sur le dos. Cette punition les humiliait au point qu'ils me disaient qu'ils préféreraient la mort à une pareille dégradation. Il faut savoir qu'on prend les porteurs de sacas, ou valets des camps, parmi l'espèce la plus vile de la population.

La prison, comme chez nous, n'est que la simple privation de la liberté; mais elle peut être suivie de graves inconvéniens. Les gouverneurs ou chefs de police n'ayant à leur disposition aucun fonds affecté à la nourriture des prisonniers, ceux de ces malheureux qui n'ont pas de ressource, et qui sont étrangers au lieu de leur détention, y périssent de faim

Lith. de C. Motte

Criminel Persan à la chaine

B.N

s'ils n'ont ni les moyens ni le courage de mettre eux-mêmes un terme à leur existence (1).

L'entravement est une peine qu'on inflige ordinairement dans les pays où il n'y a pas de prisons pour détenir avec sûreté les hommes qui y sont condamnés. Elle consiste à leur attacher à chaque jambe deux énormes morceaux de bois, joints ensemble par une charnière de fer d'un côté, et de l'autre par un fort cadenas. On creuse dans ces billots des trous suffisans pour contenir tout juste le bas des jambes, de manière que cet appareil porte sur les chevilles des pieds. Une chaîne de fer lie les deux pièces ensemble, et elle est assez courte pour que celui qui les porte ne marche qu'avec peine et à petits pas. Si l'entravé tente de s'en débarrasser ou de s'échapper, on le sert tellement que la circulation du

(1) Dans le mois d'octobre 1812, tandis que nous étions en campagne, des soldats russes, prisonniers de guerre, étaient détenus dans les prisons de Tébris; on ne leur donnait pas même du pain, et plusieurs s'y pendirent avec leurs mouchoirs. On ne s'en aperçut que deux jours après, et l'on prit des moyens pour leur assurer la même ration qu'aux soldats en activité de service.

sang s'arrête ; et quand il est délivré de ces entraves, il est souvent plusieurs mois sans pouvoir faire usage de ses jambes.

Les peines portées contre les délits plus ou moins graves, sont l'amputation du nez, des oreilles, du poignet, l'extraction des yeux et la mort.

Les deux premières sont fort communes en Perse, et l'on y est exposé pour des fautes légères. Il suffit même d'avoir indisposé contre soi le roi ou les princes pour éprouver ce châtiment. Il n'est cependant pas si commun aujourd'hui qu'autrefois; mais il paraît que les prédécesseurs du roi actuel en faisaient grand usage, à en juger du moins par la quantité de vieux serviteurs qui sont mutilés de la sorte.

Avant l'avènement de Fatey-Aly-Schah, l'amputation d'un poignet était réservée à la repression du vol; cette punition effrayait si peu les coupables, qu'ils étaient souvent repris et privés du second. Mais depuis que le roi a appliqué à ce délit la peine de la mort, on n'en voit plus commettre un seul. On pourrait en conclure, ce me semble, qu'un certain degré de sévérité est de la part du législateur un véritable sentiment d'humanité, soit envers la société qu'elle préserve des crimes, soit envers une foule de malheureux auxquels elle ôte la tentation de s'y livrer.

La peine de la privation de la vue ne s'applique qu'en certains cas, et seulement à des hommes qui portent ombrage au souverain, soit par leur fortune, soit par leur influence sur le peuple. Les khans, investis de grands gouvernemens, et les propres frères du roi, sont exposés à ce châtiment.

Il y a deux manières de priver de la vue, l'une en arrachant les yeux, et alors c'est un véritable supplice; l'autre en les brûlant, ce qui n'est plus qu'une mesure de prudence pour empêcher de devenir dangereux au souverain. Cette opération se fait en passant lentement un fer rouge devant les yeux du condamné, que l'on maintient ouverts; la cornée se ternit tout de suite et l'organe devient incapable d'aucune fonction. Plusieurs souverains, dans la crainte que le fer rouge ou le cuivre n'eussent pas entièment privé de la vue, ont fait arracher les yeux avec la pointe d'un poignard.

Pendant un temps on était dans l'usage de faire eunuques les jeunes gens qui appartenaient à des familles qui pouvaient par la suite porter ombrage au souverain régnant. Mais depuis que l'exemple d'Aga-Mohammed-Khan, oncle du roi actuel, a prouvé que la recette était insuffisante, on a renoncé à une mutilation dont l'expérience prouvait l'inutilité sur des hommes que la nature a doués d'une âme forte et énergique.

La peine de mort est appliquée aux coupables de vol, d'assassinat, de viol, de haute trahison, de rébellion, et même en dernier lieu de vice contre nature, bien que le Koran, plus indulgent, ne condamne les coupables qu'à trente coups de bâton; mais quand bien même les peines portées contre cette infâme passion seraient encore dix fois plus cruelles, cela n'empêcherait pas les grands de s'y livrer journellement, rassurés sans doute par la maxime, que péché caché est à moitié pardonné.

Les hommes pris en adultère sont aussi condamnés à mort, et les femmes à être mises vivantes dans des sacs et jetées à l'eau, supplice aussi effrayant que celui qu'on faisait subir aux vestales, mais dont on n'a pas eu d'exemple depuis long-temps. Peut-être les Persans étaient-ils plus jaloux autrefois, puisqu'on cite des exemples de femmes étouffées dans les harems pour avoir soulevé leur roubend dans la rue.

Les prêtres font aussi infliger des punitions aux hommes convaincus d'irréligion, et particulièrement à ceux qui le sont d'avoir bu du vin. Quoique le Koran n'en défende que l'excès, les casuistes ont interprété cet article de manière à en prohiber l'usage. Cela n'empêche pourtant pas toutes les classes, et surtout les grands, d'en boire souvent et beaucoup hors des repas, dans leur intérieur, loin de leurs femmes et de leurs enfans. La fantaisie du souverain régnant fait loi : plusieurs rois ont toléré l'usage du vin et même l'ont permis. Mohammed-Khan l'interdit sous peine de mort; Fatey-Aly-Schah en conseille la privation; mais défend d'autant moins cette boisson qu'il en fait lui-même une grande consommation. Quand les Persans sont surpris à boire du vin, ils allèguent qu'étant malades, ils en ont bu comme remède, et cela suffit pour les mettre à l'abri de la colère des prêtres. Ceux-ci doivent, d'après le Koran même, être aussi indulgens que le prophète, lequel dit positivement que tous les péchés de cette nature seront pardonnés, parce que Dieu est indulgent et miséricordieux.

Les peines appliquées dans ces cas par les prêtres, sont la bastonnade aux gens du peuple, et des amendes, les plus fortes qu'ils peuvent, aux nobles et aux riches, contre lesquels ils ne sévissent néanmoins que quand ils ont quelques vengeances personnelles à exercer contre eux ; il suffit alors qu'on ait vu porter chez l'un d'eux une seule cruche de vin pour qu'ils le mettent à contribution. Le coupable n'oserait murmurer ni se soustraire à ce jugement, de peur d'être assailli par la canaille, enchantée, là plus qu'ailleurs, de pouvoir contribuer à l'humiliation de ceux qui la tyrannisent sans raison ni sans pitié.

CHAPITRE XXIV.

DE LA COUR, DE SES DIGNITÉS, ORDRE DES PRÉSÉANCES.

La cour du roi de Perse, quoique très-brillante encore, est cependant fort loin d'être ce qu'elle était avant les troubles dans lesquels s'éteingnit la dynastie des Séphis. Si l'on recherchait l'origine des révolutions qui eurent lieu à cette époque, on serait convaincu que le luxe extraordinaire et ruineux auquel les grands étaient astreints, les forçait à vexer leurs vassaux, et que ce ne fut pas une des moindres causes de découragement pour l'immense population d'Ispahan, cernée par une poignée d'afgans. Si elle n'avait pas été aussi fortement dégoûtée de la tyrannie dont elle était la victime, elle aurait pu écraser ces barbares. A cette époque, les dignités de la cour étaient trop nombreuses et trop lucratives; de simples mirzas, sortis de la dernière classe du peuple, possédaient jusqu'à cinq mille tomans de revenu, tous prélevés sur les deniers publics.

Les changemens arrivés dans le costume des Persans, surtout sous le nouveau roi, ont beaucoup contribué à diminuer le luxe; car les habits qui auparavant étaient faits des étoffes les plus riches, souvent chargés de broderies en or, sont aujourd'hui, à l'exception des jours de gala, simples et peu coûteux. La plupart sont pour l'été en kadeck, tissu de coton du pays, teint de différentes couleurs, et en hiver de drap commun d'Allemagne ou d'Angleterre.

Le bonnet national, excessivement dispendieux dans ces temps, puisqu'il était entouré de schals de Cachemire en forme de turban, a été aussi très-simplifié depuis que, par respect pour le roi, l'on a adopté dans toute la Perse celui des Kadjards (1), qui est de peau d'a-

(1) Cette tribu, aujourd'hui en faveur parce que le roi en sort, était, avant l'avènement de Fatey-Aly-Schah au trône, le rebut de toute la Perse; on la méprisait tellement que personne n'aurait voulu se montrer avec un homme de cette caste. Aucun ouvrier ne voulait travailler pour eux; et pour parler d'un poltron, d'un fourbé, en un mot d'un homme abject, on disait c'est un Kadjard.

Litho de C. Motte

Noble Persan en habit de Cour

[library stamp]

gneau noir, taillé en forme de cône tronqué. Ce n'est aujourd'hui qu'en grand costume de cour qu'on se sert de bonnets ornés de schals; tous ceux qui ont des emplois au divan doivent le mettre pour s'y présenter, ainsi que la pelisse de cérémonie : celle-ci est une espèce de tunique de brocard, qui descend jusqu'aux genoux, ornée d'un collet de martre ou d'hermine qui couvre les épaules.

Les anciennes dignités de la couronne ont été presque toutes conservées, mais elles sont devenues plus honorifiques que lucratives; et à l'exception des charges de ministres et autres grands employés du divan, peu rapportent aujourd'hui des revenus considérables. Cependant les personnes de la maison du roi, qui par la nature de leurs fonctions sont appelées à manier des deniers, sont toujours fort riches; car il n'est aucun pays au monde où l'on vole avec autant d'impunité, et je doute qu'il entre un seul article dans le palais du roi ou dans ceux des princes, dont on ne paie trois ou quatre fois la valeur.

Les dépenses de la cour de Perse sont très-considérables; car outre celles du roi, comme il y a beaucoup de princes, de gouverneurs, ils veulent tous, à l'imitation de leur père et de leur maître, avoir à leur suite une quantité de gens qui n'ont d'autre emploi que de les devancer ou de les suivre quand ils sortent à pied ou à cheval. Ces fainéans ont le titre de golam, mot qui signifie esclave, mais qui équivaut aujourd'hui chez le roi de Perse au titre de garde-du-corps. Les golams du roi sont nombreux et choisis parmi la plus belle jeunesse de l'empire : ils l'escortent continuellement et sont commandés par un chef qui a le titre de celander-bachi; ils sont tous bien montés et bien payés. Le prince royal en a aussi un assez grand nombre, qui sont d'une grande bravoure; quoique par leur manière de se battre ils n'aient jamais été redoutables aux Russes, ils leur ont néanmoins fait souvent beaucoup de mal; ils sont la terreur des cosaques, qui en quelque nombre qu'ils fussent osaient rarement se mesurer avec eux.

La première dignité de la cour était autrefois celle de l'athémat-daulet; on l'a supprimée et remplacée par celle du sadri-azem, ou premier ministre. Cette place est occupée aujourd'hui par un vieillard septuagénaire nommé Mirza-Cheffi, homme de talent et profond politique : il est chargé de toutes les

Lith. de C. Motte

affaires de l'intérieur et de l'extérieur; tous les autres ministres lui sont subordonnés, et il n'est pas une seule branche de l'administration qui ne soit de son ressort. Ses grandes lumières lui ont attiré, comme c'est l'usage partout, une foule d'envieux et d'ennemis secrets, trop adroits néanmoins pour ne pas respecter sa faveur qui semble inébranlable.

La seconde dignité de l'empire est celle de kaima-khan : elle est aujourd'hui occupée par un certain Mirza-Buzûrgue, vieillard de soixante-quinze ans, qui, ayant servi sous cinq différens souverains, est l'homme de toute la Perse qui a le plus d'expérience dans les affaires. Malgré son grand âge, il est encore d'une vigueur surprenante; et comme il est l'ennemi le plus acharné de Mirza-Cheffi, il n'a jamais voulu paraître à la cour depuis que ce ministre jouit de la faveur. Le roi, qui l'estime beaucoup et ne pouvait trouver pour son fils un meilleur guide, l'a placé dans l'Azerbidjan; il conserve sous le prince royal son titre, et il est pour cette vice-royauté ce que le sadri-azem est pour le reste de l'empire.

Quand Mirza-Cheffi est attaqué de maladies graves, Mirza-Buzûrgue est appelé par le roi à Téhéran pour venir le remplacer; mais, à son grand regret, le petit vieillard en est toujours revenu, ce qui a fait dire de ce kaima-khan, en plaisantant, que son bon ami ne mourrait jamais, à moins qu'on ne l'assommât.

La troisième dignité est celle de nisir: elle est loin d'avoir en Perse toutes les attributions dont elle jouit en Turquie, car elle ne semble être que la lieutenance du sadri-azem à Téhéran, et celle de kaima-khan à Tébris. Les autres princes n'ont pour ministres dans leurs gouvernemens que des visirs. Le roi donne ce titre à tous les gouverneurs de ses fils en bas âge. Le visir de Mirza-Buzûrgue en Azerbidjan, semble n'avoir que des attributions militaires; encore le kaima-khan, son père, ne lui laisse-t-il rien faire qu'après avoir scrupuleusement examiné ses opérations. Les autres personnes composant le divan sont des mirzas de différentes classes, chargés de diverses branches de service, et qui, à peu de chose près, représentent les chefs de division, chefs de bureau ou commis subalternes des ministres.

Viennent ensuite les dignités particulières de la cour, qui sont à-peu-près dans l'ordre suivant:

Litho de C. Motte

Nackzachi-Bachi Grand maître des Cérémonies

Le médecin en chef, gendre du roi, qui jouit de la plus grande faveur, et dirige en quelque sorte les plaisirs comme la santé de son maître; il a le titre de hékim-bachi et assiste au conseil particulier du souverain.

Le cheich-al-Islam, ou grand-prêtre de l'empire, qui, outre ses fonctions, est encore grand-juge ecclésiastique et chef de toute la religion musulmane du rit d'Aly, comme le grand mufti l'est à Constantinople de celui d'Omar.

L'itchick-agassi, ou naksarchi-bachi, est le grand-maître des cérémonies. Il quitte peu le roi, ses fonctions le tenant continuellement près de lui. Il est distingué à la cour par un turban d'une forme particulière, surmonté d'une espèce de tampon d'argent au milieu duquel est un verset du Koran qui a trait à la fidélité. Il a toujours un bâton d'ivoire à la main, c'est une des marques distinctives de sa dignité. Il est chargé de porter et de distribuer les ordres du roi aux officiers du divan, et d'annoncer les personnes qui doivent être présentées. Il a de plus la haute police du camp du roi quand il est en campagne ou en route, et a sous ses ordres les féraches-bachis, ainsi que d'autres subordonnés pour dresser les tentes.

Le méhémander-bachi ou l'introducteur des ambassadeurs, est chargé de pourvoir à leurs besoins depuis leur entrée dans l'empire jusqu'à ce qu'ils en sortent. Il porte les réclamations des ambassadeurs ou envoyés devant le divan, et c'est par lui que doivent passer toutes les notes destinées aux ministres.

Il y a beaucoup de méhémanders subalternes, et l'on donne généralement ce nom en Perse à tous ceux qui sont chargés d'accompagner et de protéger les étrangers; car le roi désigne souvent tels ou tels grands de la cour pour être méhémander des personnes qu'il veut traiter avec distinction.

Le méhender-bachi, ou garde des sceaux, porte continuellement les sceaux du roi sur sa poitrine, et il doit les appliquer lui-même sur toutes les expéditions qui exigent la signature royale.

Le mirakor-bachi, ou grand écuyer, avait autrefois de grands priviléges, en raison d'une ancienne coutume de Perse qui accordait un asile inviolable aux criminels dans les écuries du roi, mais où ils ne pouvaient rester que du consentement du mirakor, qui, dans ce cas, avait le droit de les soustraire aux recherches du souverain. Cette coutume abusive est abolie depuis fort long-temps, et les criminels ne trouvent aujourd'hui d'asile nulle part en Perse pour se soustraire aux lois. Les harems même, où jadis personne n'osait pénétrer sous quelque prétexte que ce fût, sont maintenant ouverts à la première sommation, lorsqu'on a des indices qu'ils servent de refuge à des criminels; j'ai été moi-même autorisé à en faire ouvrir beaucoup pour rechercher des déserteurs que l'on supposait y être cachés. Je n'ai cependant jamais voulu me prévaloir de ce droit, et je me contentais d'y envoyer des vieilles femmes auxquelles j'avais confiance.

Le mirakor a sous ses ordres le lindarty-bachi, qui est l'intendant des selleries, le djelaudar-bachi, chef des palfreniers, et le ouzeugoa-kourd-chidi-bachi, teneur d'étrier, dont les subalternes sont assez nombreux.

Le kodjar-bachi (1), ou chef des eunuques, a aussi une très-grande influence, et les personnes les plus éminentes de la cour lui témoignent une grande considération. Ses fonc-

(1) Le mot kodjar signifie vieillard, et les Persans en ont fait le synonyme d'eunuque, quoique ce soit moins le cas en Perse que partout ailleurs.

tions l'appellent au harem, comme on l'a vu dans le chapitre précédent. Il fait parfois des tournées dans les différentes parties du royaume, où ses correspondans lui annoncent de belles filles; et il oblige en quelque sorte ceux ou celles à qui elles appartiennent à les envoyer au harem royal. Il parcourt aussi ceux des grands, pour voir si dans le nombre de ces belles récluses il en trouvera qui puissent convenir au roi ou à quelques-uns des princes. On doit bien penser que ces attributions ne forment pas une des branches les moins lucratives de son revenu. Il reçoit des présens considérables de tous ceux qui veulent avoir de leurs créatures dans le harem du souverain, ou dans ceux des princes, ses fils.

Le narer-bachi, ou intendant des revenus particuliers du roi, est chargé de l'administration de ses biens : il a l'inspection générale de l'intérieur de la maison et de la totalité des domestiques subalternes qu'il choisit et renvoie à son gré, quand il n'en est pas content.

L'odoudar-bachi, ou maréchal-des-logis du palais, surveille le service qui s'y fait, prend et transmet les ordres de départ pour les chasses, et a sous ses ordres le mikil-bachi, officier chargé de l'éclairage du palais, et chef des porte-flambeaux.

Le Chikkial-bachi, ou grand-veneur, est chargé de tout ce qui a rapport aux chasses; il a sous ses ordres le seyban-bachi, chef des valets de chiens et des meutes; le taous-kona-aga surveille tout ce qui est relatif à la fauconnerie.

Le monadzim-bachi, ou chef des astrologues, veille à la rédaction de l'almanach et tient un journal de l'influence des astres. Il doit le consulter chaque fois que le roi veut voyager, chasser ou seulement faire une visite, afin de savoir si l'heure est bonne pour sortir de chez lui; dans le cas où il la juge mauvaise, il s'oppose de tout son pouvoir à ce que le roi franchisse le seuil de sa porte. On sera sans doute étonné que Fatey-Aly-Schah, qui est homme d'esprit, puisse être dupe de ces absurdités; mais il est certain qu'il a une foi si robuste à ces prédictions, qu'il resterait dix ans chez lui si son astrologue ne lui permettait d'aller prendre l'air. Ce rusé charlatan est aujourd'hui le personnage le plus en faveur à la cour; comme il sait profiter de la faiblesse du roi qui croit à toutes ses sornettes, il lui fait faire à-peu-près tout ce qu'il veut.

Le prince Abas-Mirza, son fils, est loin d'être aussi crédule à cet égard, et quoique par politique il fasse consulter quelquefois l'almanach, ce n'est jamais que par un monadzim qui lui est tout dévoué. Cet astrologue se tient pour averti, car s'étant un jour avisé de trouver l'heure peu propice pour un voyage que le prince avait projeté, celui-ci le manda en particulier et le gratifia de cinquante coups de bâton sur la plante des pieds, avec promesse de lui en faire donner autant chaque fois que ses prédictions seraient de mauvais augure. Depuis ce temps il n'en est plus de contraires, aussi le prince se sert souvent de ce moyen pour relever le courage de ses soldats après quelques revers.

L'ambarder-bachi, ou préfet du palais, est chargé de toutes les provisions de bouche : il a sous ses ordres le baehpass-bachi, un officier de bouche, et le karedji-bachi, qui est chargé des desserts, du café, du thé et des schourbets.

Le sandoukdar-bachi, ou garde-magasin de la garde-robe et des présens du roi, tient registre de ceux que le roi reçoit comme de ceux qu'il donne. Il soumet tous les mois la balance entre les recettes et les dépenses au narez-bachi, qui vise ses comptes et pré-

Litho de C. Motte

B. R.

Schotter-Bachi chef des Coureurs du Roi

sente ensuite pareillement ses livres au grand-trésorier de la maison, lequel n'est comptable qu'envers le roi.

Le schotter-bachi, ou chef des coureurs, commande cent jeunes gens qui marchent ou courent à pied devant le roi chaque fois qu'il monte à cheval. Il ont un bonnet particulier et un bâton court à la main, qui leur sert de balancier et de contenance. Quand le roi marche en cérémonie, ils se tiennent de chaque côté de son cheval, rangés sur deux files; le schotter-bachi est à leur tête et marque la cadence du pas. Il a soin d'empêcher que personne n'approche le roi sans avoir d'abord parlé au nach-zartchy-bachi, qui le suit continuellement lorsqu'il sort de son palais.

Viennent ensuite les grandes dignités militaires, occupées quelquefois par des princes du sang et qui se réduisent à deux; celle de bujuek-sardar (grand-général ou général en chef), et celle de topchi-bachi (grand-maître de l'artillerie). Je parlerai de toutes les autres dans le chapitre réservé pour l'état militaire du royaume.

Il n'est pas de pays où le cérémonial et la subordination soient aussi scrupuleusement observés qu'en Perse, non-seulement par les militaires et employés civils, mais encore par tous les individus quelconques. Quelle que soit la fierté et la morgue d'un Persan, il ne s'avisera jamais de prendre le pas sur ceux qui lui sont supérieurs en considération dans la société ou même en fortune. Ce sentiment est si profondément gravé dans les troupes irrégulières, qu'il faillit être un grand obstacle à l'introduction d'une discipline hiérarchique. Il arrivait souvent que de simples sous-officiers étaient des personnages plus distingués que certains officiers, et ce n'est qu'avec beaucoup de peine que je parvins à faire comprendre aux premiers, que ces mêmes officiers étant devenus leurs chefs, ils devaient leur céder le pas et les traiter avec respect. Il fallait toute la docilité des Persans et le vif désir qu'ils avaient de devenir militaires, pour obtenir d'eux cette victoire sur leur amour-propre. Ceci était cependant sujet à une restriction à laquelle je ne pouvais m'opposer. Lorsque ces mêmes hommes quittaient l'uniforme, comme cela était toléré, pour aller dans le monde, les distinctions sociales reprenaient toute leur force et l'officier supérieur était souvent obligé de se tenir debout devant son inférieur.

Quand les ministres, les gouverneurs ou

khans attachés à la cour vont dans quelques lieux éloignés de leur domicile ordinaire, ils y reçoivent les honneurs du stick-ball. Un cortége plus ou moins nombreux va au-devant d'eux à une distance plus ou moins grande, selon le degré de respect qu'on veut ou qu'on doit leur marquer. Ils reçoivent ensuite la visite des gouverneurs s'ils sont leurs supérieurs en dignité, sinon celles des darogas et des autres officiers de la cour des beglierbeys, qui ne manquent presque jamais de leur envoyer des cuisiniers et de les défrayer de toutes leurs dépenses pendant le séjour qu'ils font dans leurs résidences. Si ce sont des individus attachés à la personne du roi, ils leur font des présens pour les disposer en leur faveur auprès du souverain. Ensuite, comme chacun de ces gouverneurs est intéressé à ce que des personnages de cette importance soient contens d'eux, ils leur donnent aussi des méhémanders qui veillent à tous leurs besoins et préviennent leurs moindres désirs. Quand ils arrivent sur le territoire d'une autre province, ces espèces d'agens sont aussitôt relevés par d'autres du gouvernement dans lequel on se trouve, et et qui agissent de même que les précédens. Ce cérémonial qui serait insupportable en

Europe, ne déplaît point en Perse, chacun étant également jaloux de recevoir les honneurs que sa qualité et son rang lui assignent, est très-exact à traiter les autres avec les mêmes égards; l'étiquette s'étend jusque dans les villages, où, parmi les simples paysans, chacun paie à son voisin le tribut de considération qu'il lui doit, et en reçoit celui qu'il a droit d'en attendre.

BIBLIOTHÈQUE ROYALE

FIN DU PREMIER VOLUME.

TABLE DES CHAPITRES

DU PREMIER VOLUME.

819

FIN DE LA TABLE DU PREMIER VOLUME.

Reliure serrée

www.ingramcontent.com/pod-product-compliance
Ingram Content Group UK Ltd.
Pitfield, Milton Keynes, MK11 3LW, UK
UKHW020608230726
13926UK00005B/2270